毕节·中国花海洞天避暑福地
——生态旅游气候资源

主编 帅士章 王彦春 田 兰 吴战平

内容简介

毕节市位于贵州省西北部，地处川、滇、黔三省结合部，是三省红都，长江以南最后一块革命根据地，拥有厚重的历史文化。毕节市冬无严寒，夏无酷暑，独特的气候条件和喀斯特地貌，造就了山清水秀、景色迷人的自然景观，旅游资源丰富，旅游产品享誉中外。本书利用毕节市 1961—2018 年翔实可靠的气候资料以及近年来生态环境、大气成分、卫星遥感资料对毕节市旅游气候资源进行综合分析，通过科学评估毕节市生态旅游气候资源，围绕花海、洞天、避暑旅游主题，深度挖掘毕节市生态旅游、避暑经济价值，为打造毕节市生态旅游、避暑品牌提供科学依据。

图书在版编目(CIP)数据

毕节·中国花海洞天避暑福地 ：生态旅游气候资源 / 帅士章等主编. — 北京 ：气象出版社，2020.4

ISBN 978-7-5029-7196-0

Ⅰ.①毕… Ⅱ.①帅… Ⅲ.①旅游-气候资源-研究-毕节 Ⅳ.①P468.273.4

中国版本图书馆 CIP 数据核字(2020)第 060190 号

出版发行：气象出版社

地　　址：北京市海淀区中关村南大街 46 号　　**邮政编码**：100081

电　　话：010-68407112(总编室)　010-68408042(发行部)

网　　址：http://www.qxcbs.com　　**E-mail**：qxcbs@cma.gov.cn

责任编辑：陈　红　　**终　　审**：吴晓鹏

责任校对：王丽梅　　**责任技编**：赵相宁

封面设计：博雅锦

印　　刷：北京地大彩印有限公司

开　　本：787 mm×1092 mm　1/16　　**印　　张**：6

字　　数：154 千字

版　　次：2020 年 4 月第 1 版　　**印　　次**：2020 年 4 月第 1 次印刷

定　　价：50.00 元

《毕节·中国花海洞天避暑福地——生态旅游气候资源》编委会

序

气候作为一种自然资源，与人类的生存和生产生活息息相关。随着社会经济的发展，积极应对气候变化，开发利用气候资源，加快转变经济发展方式的重要性日益凸显。生态旅游以保护生态环境、促进旅游业可持续发展、追求人与自然的和谐统一发展为目标，是未来旅游业的发展方向，其中生态气候资源是发展生态旅游的基础条件。

毕节市地处乌蒙腹地，气候温和，夏无酷暑。观测数据表明，毕节市年平均气温为13.4 ℃，夏季平均气温仅为20.9 ℃，人体舒适感佳，避暑旅游条件优越。毕节市境内地势高低悬殊，地貌形态多样，山地立体气候特征明显，多样的气候条件造就了“一山有四季，十里不同天”的景象。独特的气候条件和喀斯特地貌使得毕节市享誉中外。

毕节市积极推进生态文明建设，大力实施“旅游兴市”战略，通过挖掘本地独特的气候资源，全力打造毕节旅游升级版，努力将毕节建设成为重要旅游目的地和康养度假胜地。2019年7月25日，中国气象学会邀请气象、生态、规划、环境等领域的10位院士、专家，对毕节市避暑气候优势以及生态旅游的经济价值进行论证。授予毕节市的“毕节·中国花海洞天避暑福地”称号，成为气象科技工作者领衔打造的又一块响亮的旅游气候品牌，一张全域旅游的“新名片”。

毕节市山清水秀，景色旖旎，境内旅游资源丰富，避暑气候优越，被誉为“洞天湖地、花海鹤乡、避暑天堂”。地球彩带、世界花园百里杜鹃，飘芳竞艳，灿若织锦；中国最美旅游洞穴织金洞，气势恢宏，景色神秘；贵州旅游皇冠上的蓝宝石、高原明珠草海，碧波荡漾，珍禽云集；中国岩溶百科全书九洞天，洞中有洞，天外有天；中国最美喀斯特湖泊乌江源三大连湖东风湖、索风湖、支嘎阿鲁湖，秀胜漓江，雄冠三峡；中国十大避暑名山贵州屋脊韭菜坪，云雾袅绕，神秘清凉。

本书着重从生态气候特点、避暑养生条件、旅游气象指数和旅游资源等方面入手，以翔实可靠的气候资料以及近年来生态环境、大气成分、卫星遥感资料论述了毕节市作为“花海洞天避暑福地”的生态旅游气候资源优势。相信本书的出版对毕节市大力宣传旅游、发展旅游，助力毕节全域旅游发展，进一步提升生态美、气候佳、空气好的城市美誉度有积极作用，为毕节打造避暑宜居休闲旅游经济提供了有力支撑。

衷心地希望贵州省气象科技工作者进一步加强与相关部门的合作，深入发挥气象服务作用，挖掘特色气候资源；围绕地方生态旅游发展需求，努力提高气象服务能力，打造更多的地方旅游气候品牌，为助力地方生态文明建设、旅游发展和脱贫攻坚提供更精细、针对性更强的优质气象保障服务。

贵州省气象局副局长

（刘曙光）

2019 年 11 月

前 言

毕节市位于贵州省西北部，地处川、滇、黔三省结合部，北临蜀水、西拥滇山，为“鸡鸣三省”的钟灵地，是毛主席《七律·长征》诗“乌蒙磅礴走泥丸”中所描写的乌蒙山腹地，是乌江、赤水河、北盘江的重要发源地之一。毕节市独特的气候条件和喀斯特地貌，造就了山清水秀、景色迷人、冬无严寒、夏无酷暑的气候景观，以洞天湖地·花海鹤乡·避暑天堂旅游产品体系享誉中外。

毕节市境内海拔落差大，立体气候明显，天气复杂多样，雨热同季，降雨量充沛。5—9月毕节市的平均气温为19.6 ℃，人体舒适感好，是避暑旅游的最佳舒适期。清凉宜人的气候条件、多姿多彩的民族风情、深远厚重的历史文化，自然风光、人文景观、民族风情和气候资源交相辉映，造就了毕节市多姿多彩的避暑旅游资源。

毕节市是习仲勋同志亲切关怀，胡锦涛同志亲自倡导，经国务院批准成立的全国唯一一个以“开发扶贫、生态建设”为主题的试验区。2018年，习近平总书记对毕节试验区工作作出重要指示，强调“要确保按时打赢脱贫攻坚战，着力推动绿色发展、人力资源开发、体制机制创新，努力把毕节试验区建设成为贯彻新发展理念的示范区”。2019年，贵州省政府印发《关于支持毕节市加快旅游业发展的意见》，为毕节市提供了坚强的政策保障和难得的发展机遇。近年来，毕节市深入贯彻落实习近平新时代中国特色社会主义思想，大力实施“旅游兴市”战略，围绕全市“决战贫困、提速赶超、同步小康”的总体目标，深化“大扶贫、大数据、大旅游、大健康”四大战略行动，坚持“守住发展和生态两条底线”，全力打造新常态下毕节旅游升级版，将毕节市建设成为重要旅游目的地和康养度假胜地，建设成为“山地康养样板区、旅游脱贫示范区、全域旅游先行区”。2018年在中国旅游研究院主办的“第四届中国避暑旅游产业峰会”上，毕节市被评为“避暑旅游城市观测点”。2019年在第十六届中外避暑旅游目的地评选中，毕节市被评为“中国避暑名城”，乌蒙山韭菜坪上榜“中国十大避暑名山”，百里杜鹃管理区、七星关区、威宁县、大方县、黔西县入选“中国避暑休闲百佳县”。《中国国家地理》杂志出版“花海毕节”旅游专刊。与此同时，毕节市加大乡村避暑休闲度假产品的打造，初步形成了全域旅游供给格局。毕节市旅游资源丰富，避暑气候优越，近年来旅游业发展驶入快车道，但仍处于初级阶段，生态旅游气候资源挖掘深度不够，旅游形象品牌不响不亮。

为科学评估毕节市生态旅游气候资源，受毕节市人民政府的委托，贵州省气候中心和毕节市气象局组织科技人员，围绕毕节市花海洞天、避暑的旅游主题，突出避暑气候优势，深度挖掘毕节市生态旅游、避暑经济价值，为打造毕节市生态旅游、避暑旅游品牌提供科学依据。

本书能够顺利出版，离不开各相关单位及个人的帮助和支持。在此特别感谢毕节市市委、市人民政府、贵州省气象局和贵州省气象学会对该项工作的大力支持，感谢毕节市文化广电旅游局、生态环境局、自然资源和规划局、林业局、发展和改革委员会、水务局、交通运输局、铁路（机场）建设办公室、应急管理局、高速公路管理处、公路管理局、文学艺术界联合会等相关部门所做的大量工作。

由于毕节市生态旅游气候资源论证工作涉及的专业和行业较多，受作者专业知识水平以及相关资料收集和经验所限，书中不当之处在所难免，敬请广大读者批评指正。

本书编委会

2019年8月

目　录

CONTENTS

第1章

毕节概况

毕节市位于贵州省西北部，地处川、滇、黔三省结合部，东靠贵阳、遵义，南连安顺、六盘水，西邻云南省昭通、曲靖，北接四川省泸州，是三省红都，长江以南最后一块革命根据地。厚重的历史文化，在全国都具有唯一性，是红星闪耀的地方，是一个多民族聚居、历史文化灿烂、资源富集、神奇秀美、三省通衢的地方。毕节市风光景色旖旎，被誉为"洞天湖地、花海鹤乡、避暑天堂"。毕节市是国家"西电东送"的重要能源基地，国家新型能源化工基地，国家新能源汽车高新技术产业化基地，国家生物医药产业基地，现代山地高效生态农业、新能源、新型建材、以大数据为核心的服务外包和呼叫中心等多种新兴产业的集聚地。

1988年6月，在习仲勋同志亲切关怀，时任贵州省委书记胡锦涛同志倡导下，国务院批准建立全国唯一的"开发扶贫、生态建设"毕节试验区。党中央和国务院高度重视毕节试验区的改革发展，党的十八大以来，习近平总书记3次对试验区作出重要指示，6次在讲话中提及毕节市，2018年7月18日，习近平总书记作出重要批示，赋予试验区"贯彻新发展理念示范区"的历史使命。30年来，毕节市经济社会发展提质增效、脱贫攻坚和生态建设成效明显，贫困发生率从65.10%下降到5.45%，森林覆盖率从14.94%提高到56.13%，2018年全市地区生产总值1921.43亿元，同比增长10.2%，被习近平总书记赞誉为"贫困地区脱贫攻坚的一个生动典型"。

1.1 自然地理

人类在毕节的活动历史至少可以追溯到50万年前的旧石器时代。尧舜时代为有鼻国（诸侯国），有史以来第一次称国，这是毕节市第一次被命名，后有人写为鳖、毕、比等。六国时谓之南夷，其国名叫夜郎，君长称为夜郎侯（或夜郎王）。《汉书》记载："夜郎东接交趾，自西徂东奚啻千里"，《史记》记载："西南夷君长以十数，夜郎最大"，这就有了夜郎自大的典故。1913年1月，废府、州、厅置县。1950年置毕节专区。1970年毕节专区改称毕节地区。2011年国务院批准撤销毕节地区设立地级毕节市。

毕节市国土面积26 853平方千米，下辖七星关区、赫章县、威宁彝族回族苗族自治县、纳雍县、织金县、黔西县、金沙县、大方县1区7县，272个乡（镇、办事处）3696个行政村。另设有百里杜鹃管委会、金海湖新区1个管委会、1个新区。

毕节市地处滇东高原向黔中高原过渡的斜坡地带，地势西高东低，平均海拔1600米，西部最高处小韭菜坪海拔2900.6米，东部最低处赤水河处海拔457米（图1.1）。毕节市地貌类型以岩溶地貌为主，仅少数为侵蚀型地貌。岩溶地貌单体有石芽、洼地、落水洞、漏斗、竖井和天窗等。组合形态有峰丛洼地、峰丛谷地、溶丘洼地及岩溶浅切中山、岩溶中山峡谷等。岩溶地貌形态多样，在区内分布次序为：东部峰林、谷地、峰丛、缓丘、洼地；中部峰丛、槽谷、丘陵洼地；西部高原、岩溶、缓丘、盆地。境内出露的岩石以沉积岩为主。西部威宁县和赫章县的西部、西北部和西南部平均海拔在2000～2400米，属高原、中山地带，为境内第一级阶梯；赫章县东部、七星关区、大方县、纳雍县、织金县西部平均海拔在1400～1800米，属中山地带，为境内第二级阶梯；金沙和黔西两县、织金县东部平均海拔在1000～1400米，属低中山丘陵地带，为境内第三级阶梯。毕节市境内山高坡陡，峰峦重叠，沟壑纵横，河谷深切，高原山地占总面积的93.3%。特殊的地形造就了毕节市众多的旅游资源，花海洞天优美、山水湖泊多样。

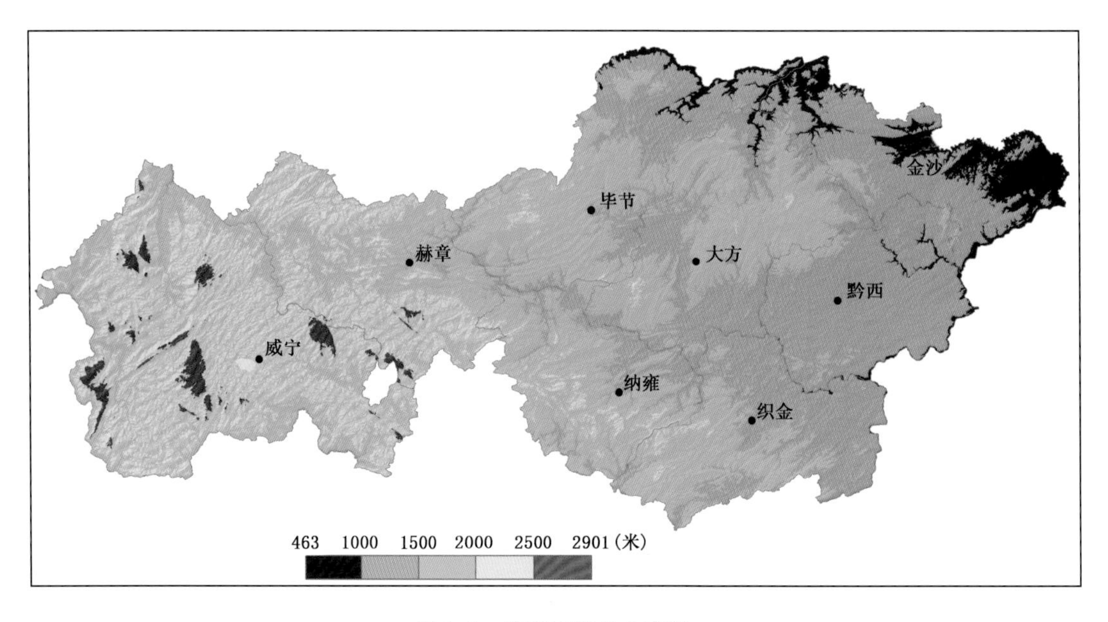

图1.1 毕节市海拔分布图

毕节市水能资源丰富，河湖水系纵横交错，是乌江、赤水河和北盘江的重要发源地之一，境内长度大于10千米的河流有193条，分别汇入乌江、赤水河、北盘江、金沙江。属长江流域乌江水系的主要干流有偏岩河、野济河、六冲河、三岔河；属赤水河水系的有赤水河；属金沙江水系的有牛栏江、白水河；属珠江流域北盘江水系的有可渡河。属长江流域的流域面积2.56万平方千米，属珠江流域的流域面积1239平方千米，分别占全市总面积的95.39%、4.61%。毕节市境内建成的大型水库洪家渡，水域面积达80平方千米，库容44.97亿立方米。在建的夹岩水利枢纽工程，集雨面积为4306平方千米，总库容13.25亿立方米；黔中水利枢纽工程，覆盖面积为4711平方千米，总库容10.8亿立方米。

毕节市属常绿阔叶针叶混交林，植被类型众多，生物资源十分丰富，林木树种、农作物品种繁多。2018年全市森林覆盖率56.13%。七星关、大方、黔西、金沙、织金、纳雍、赫章7个县（区）获省级森林城市称号。毕节市土壤类型多样，有黄棕壤、黄壤、石灰土、紫色土、水稻土、沼泽土、潮土7个土类22个亚类50个土属144个土种，岩石组成有碳酸盐类岩、碎屑岩、紫色岩和火层岩，其中以碳酸盐类岩石为主，面积177.86万公顷，占全市总面积的66.2%，主要形成石灰土类和黄壤类土壤；其次是砂页岩类，面积41.89万公顷，占全市总面积的15.6%，主要形成黄壤土类；第三是紫色岩，面积34.64万公顷，占全市总面积的12.9%，主要形成紫色土类；第四是基性岩类，面积19.25万公顷，占全市总面积的7.17%，主要形成石灰土等。

1.2　社会发展

近年来，毕节市以习近平新时代中国特色社会主义思想为指导，深入贯彻习近平总书记对毕节试验区重要指示精神，全面践行“创新、协调、绿色、开放、共享”五大新发展理念，切实落实中央、省委各项决策部署，经济社会发展呈现出总体平稳、质效提升、生态良好、民生改善、社会和谐的良好态势(图1.2)。

毕节市是个多民族聚居地区，境内分布有汉、彝、苗、回、白等46个民族，2018年末全市常住人口为668.61万人，地区生产总值1921.43亿元，同比增长10.2%。按产业划分，第一产业增加值414.76亿元，同比增长6.9%；第二产业增加值697.03亿元，同比增长9.3%；第三产业增加值809.64亿元，同比增长12.5%。三次产业结构比为21.6∶36.3∶42.1。人均地区生产总值为28 794元，同比增长9.9%。

图 1.2 毕节市城市风光(夏建华、钟丽娟、丁希志摄,贵州省毕节市摄影家协会提供)

毕节市交通便捷,四通八达,高速公路实现县县通,能够直达四川、重庆、云南等省份以及省内各地;飞雄机场开通了至北、上、广、深等 19 个国内重要城市航线;普通铁路建成 450 千米,成贵高铁即将建成通车,将实现“县县通铁路”。毕节市旅游已经打破交通瓶颈,纵横交错、辐射八方、陆空结合的立体交通网络正在形成。区域性公路交通运输、铁路运输枢纽的建成,大交通格局初步形成,毕节市正成为川、滇、黔、渝结合部区域性中心城市,西南地区区域性重要综合交通枢纽,珠三角连接西南地区、长三角连接东盟地区的重要通道(图 1.3)。

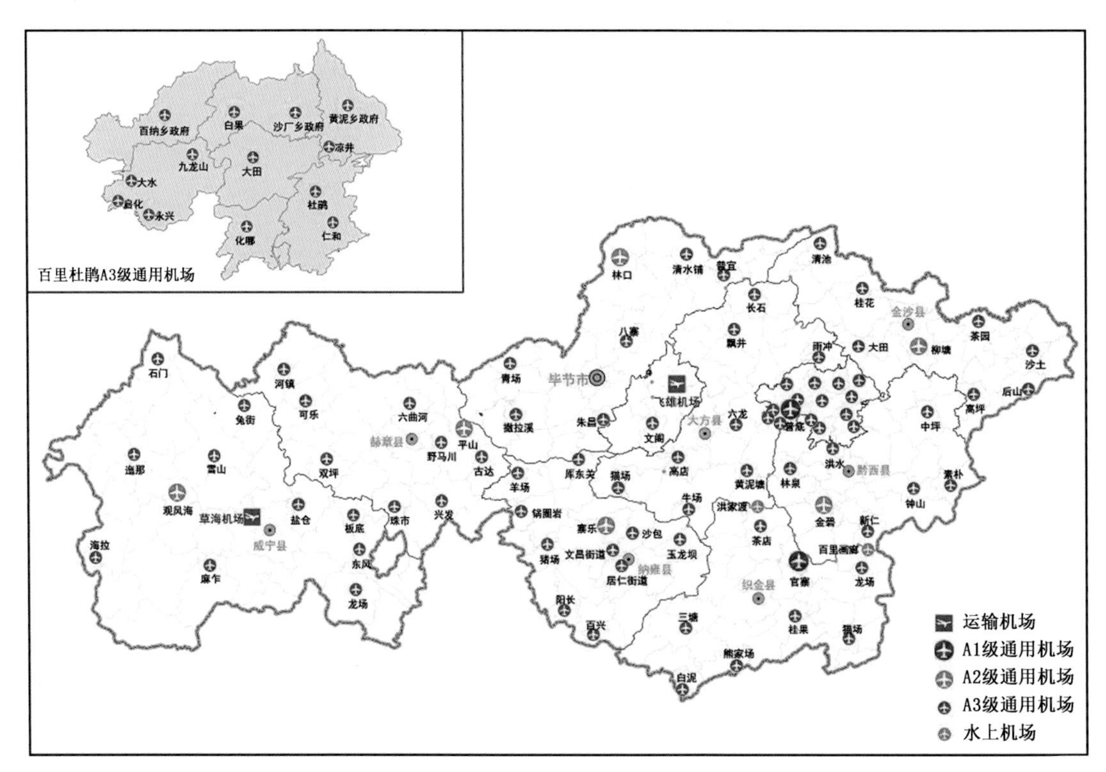

图 1.3 2030 年毕节市通用机场布局规划图(毕节市交通运输局、毕节市铁路(机场)建设办公室提供)

1.3 旅游兴市

毕节市旅游资源丰富，避暑气候条件优越。近年来，毕节市深入贯彻落实习近平新时代中国特色社会主义思想，大力实施“旅游兴市”战略，围绕全市“决战贫困、提速赶超、同步小康”的总体目标，深化“大扶贫、大数据、大旅游、大健康”四大战略行动，坚持“守住发展和生态两条底线”，全力打造毕节市旅游升级版，将毕节市建设成为重要旅游目的地和康养度假胜地，建设成为“山地康养样板区、旅游脱贫示范区、全域旅游先行区”。韭菜坪连续多年被亚太环境保护协会和中国城市研究院评为“中国十大避暑名山”，在2019年第十六届中外避暑旅游目的地评选中，毕节市被评为中国避暑名城，乌蒙山韭菜坪上榜中国十大避暑名山，百里杜鹃管理区、七星关区、威宁县、大方县、黔西县入选中国避暑休闲百佳县，2019年在中国旅游研究院主办的“第四节中国避暑旅游产业峰会”上，毕节市被评为避暑旅游城市观测点，《中国国家地理》杂志出版“花海毕节”旅游专刊。2018年全市旅游总人数10 445万人次，同比增长34.9%。其中接待国内旅游人数10 436万人次，同比增长34.9%，接待入境旅游人数8.9万人次，同比增长69.7%。实现旅游总收入937亿元，同比增长46%。全市涉旅在建项目共101个，同比增长37%。精品旅游景区不断提质升级，完成项目总投资5.64亿元。旅游精准扶贫扎实有力，带动9.89万贫困人口受益。毕节市初步形成了全域旅游供给格局，旅游业发展已驶入快车道。

第2章

气候宜人

毕节市地处贵州高原山地与川西南滇北山地的交汇地带，大部地区属北亚热带季风气候（黄思妤 等，2019）。冬季最冷月1月平均气温在1.9～4.5 ℃，气候温和；夏季最热月7月平均气温在17.7～24.7 ℃，气候凉爽。年降水量1022.0毫米，夏季（6—8月）各月降水量在120.0毫米以上，充沛的降水形成了茂密的森林，夜雨使得白天的空气得以充分净化，清新舒适。毕节市境内地势高低悬殊，山地立体气候特征明显，多样的气候条件造就了“一山有四季，十里不同天”的景象。

2.1 冬无严寒，夏无酷暑

气温是对人体影响最敏感的气象要素之一（王胜利，2008），对人体体温的调节起着重要作用，是人们日常生活生产中最为关注的气象要素之一。

毕节市年平均气温为13.4 ℃，全年最冷月份为1月，平均气温3.5 ℃，总体感觉虽有凉感，但并不寒冷；最热月份为7月，平均气温21.7 ℃，平均最高气温只有26.5 ℃，气温凉爽宜人，几乎没有高温（≥35.0 ℃）天气出现（图2.1）。

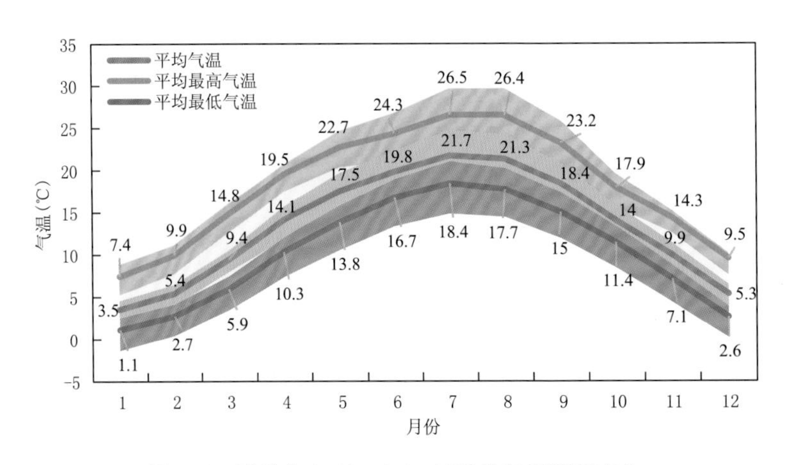

图2.1　毕节市1981—2010年平均气温逐月变化

毕节市四季分明，春、夏、秋、冬四个季节平均气温分别为13.6 ℃、20.9 ℃、14.1 ℃和4.7 ℃，四季气温变化明显。冬、春两季平均气温相差7.9 ℃（威宁）～9.4 ℃（金沙），春、夏两季温差5.7 ℃（威宁）～8.5 ℃（金沙），夏、秋两季温差6.0 ℃（威宁）～7.7 ℃（金沙），秋、冬两季温差7.6 ℃（威宁）～10.2 ℃（金沙）；最高气温和最低气温的季节间差异与平均气温季节间的差异大体相同（图2.2）。

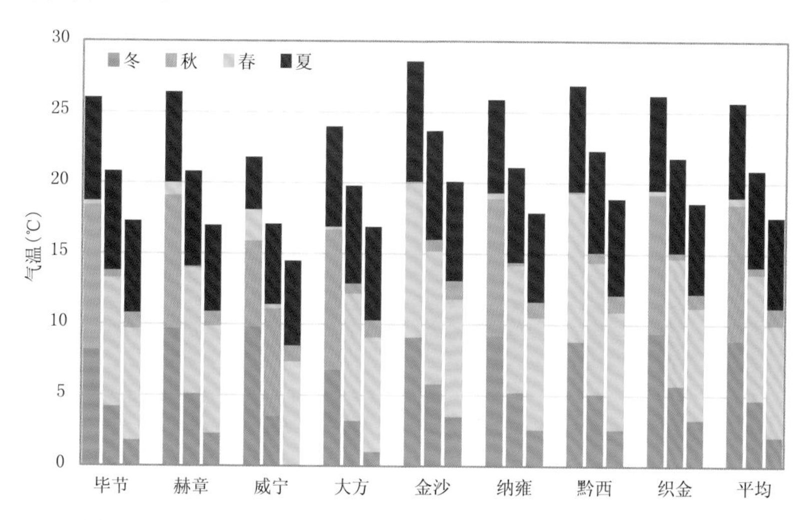

图2.2　毕节市各县四季平均最高气温、平均气温、平均最低气温
（各县左、中、右柱状温标分别表示各季节的平均最高气温、平均气温和平均最低气温）

毕节市境内地形起伏变化导致气温垂直分布差异较大，年平均气温呈现随海拔高度增加而逐渐降低的变化特征（图2.3）。

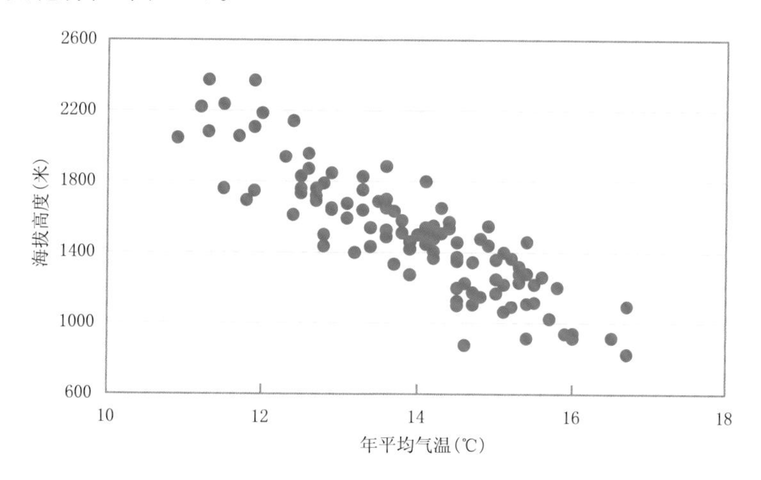

图2.3　毕节市气象观测站年平均气温随海拔高度变化

毕节市年平均气温大体呈河谷高、高山低的分布，海拔在1000米以下的地区年平均气温为16.0～18.0 ℃，海拔在1000～1400米的地区年平均气温为14.0～16.0 ℃，海拔在1400～1800米的地区年平均气温为12.0～14.0 ℃，海拔在1800米以上的地区年平均气温为10.0～12.0 ℃（图2.4）。

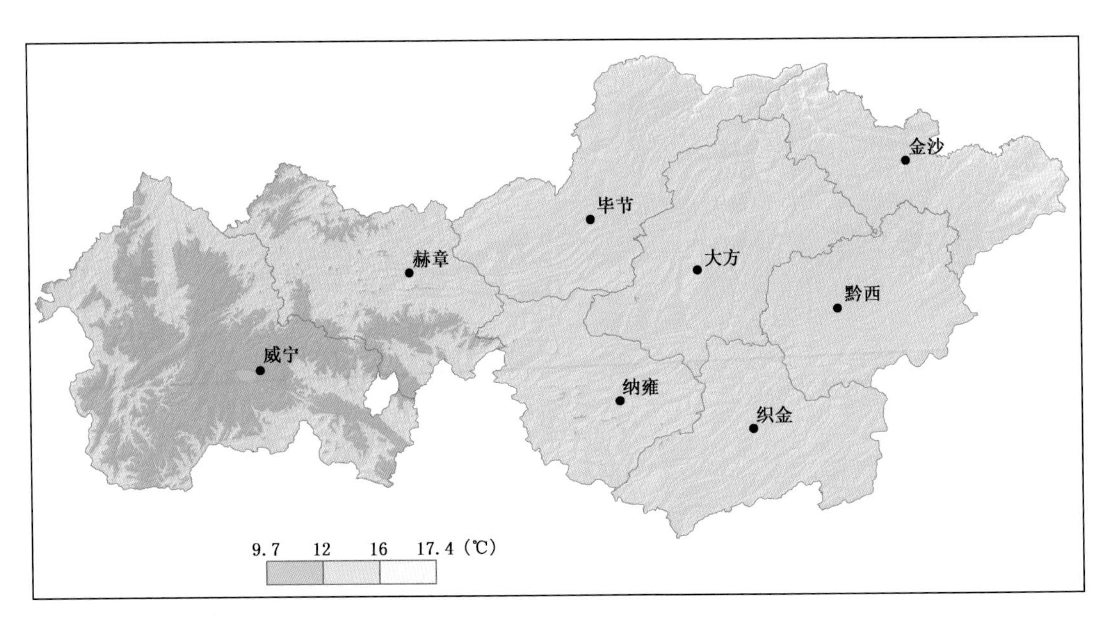

图 2.4 毕节市 1981—2010 年年平均气温分布图

用年平均气温为指标(表 2.1),划分毕节市气候类型分布(图 2.5),海拔低于 800 米的东北部河谷地区为中亚热带气候类型;海拔在 800～1600 米的山区为北亚热带气候类型;海拔在 1600～2400 米的山区为暖温带气候类型,海拔超过 2400 米的山区为中温带气候类型。

表 2.1 气候类型区分类指标

气候类型区	中温带气候	暖温带气候	北亚热带气候	中亚热带气候
年平均气温(℃)	7.0～10.0	10.0～13.0	13.0～16.0	16.0～18.0

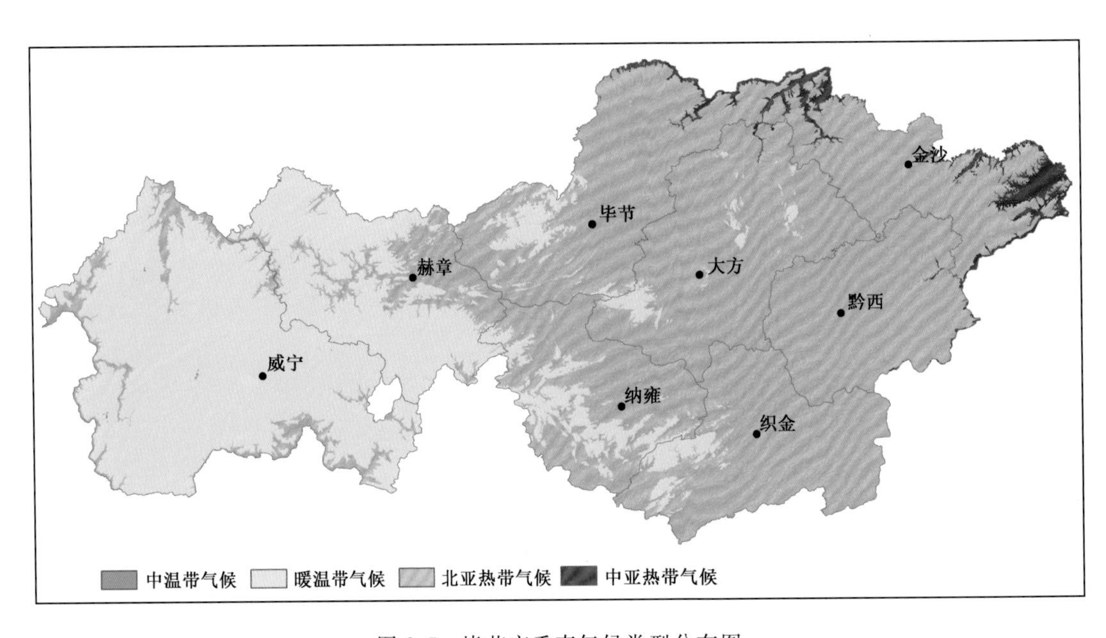

图 2.5 毕节市垂直气候类型分布图

整体而言，毕节市气温春、秋两季舒适平和，夏日凉爽，冬无严寒，全年都非常适合旅游项目活动的开展。

2.2 降水充沛，雨热同期

毕节市年降水量为1022.0毫米，4—10月月平均降水量超过50.0毫米，其中5—9月月平均降水量在100.0毫米以上，7月最多(189.0毫米)，12月最少(16.4毫米)。毕节市不仅降水充沛，且雨热资源(降水与气温)在时间尺度上的配置也比较均衡，随着月平均气温的上升和下降变化，降水总体上也呈现出上升和下降的趋势，年内气温与雨量的分配基本呈同步变化态势。全年雨热配置的最大优势在于夏季，夏季(6—8月)各月降水量在120.0毫米以上，月平均气温分别为19.8 ℃、21.7 ℃和21.3 ℃，极少出现夏旱现象(图2.6)。

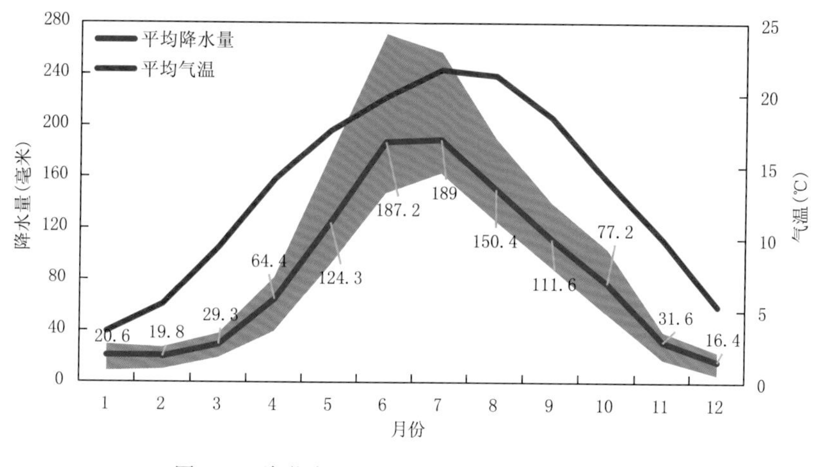

图2.6 毕节市1981—2010年降水量逐月变化

与气温不同，降水量随海拔高度变化的关系不大(图2.7)，而与其所处的地理位置有关。

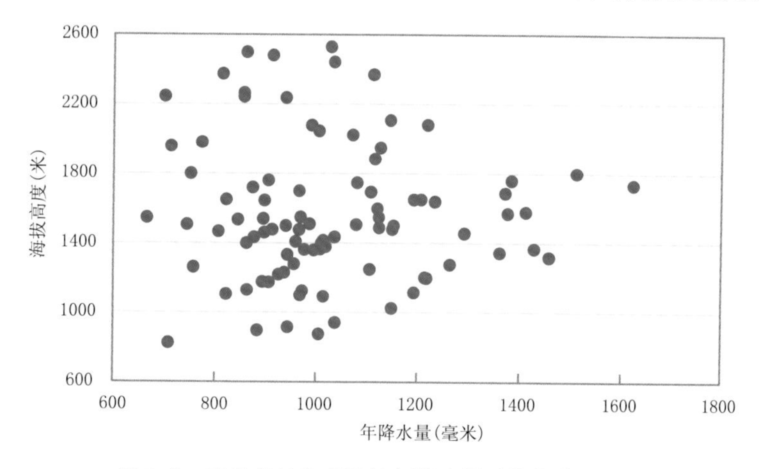

图2.7 毕节市气象观测站年降水量随海拔高度变化

毕节市年降水量分布从西北向东南逐渐增多，西北部的赫章、威宁、毕节在900.0毫米以下，东南部的织金在1300.0毫米以上，其余地区在900.0～1300.0毫米(图2.8)。

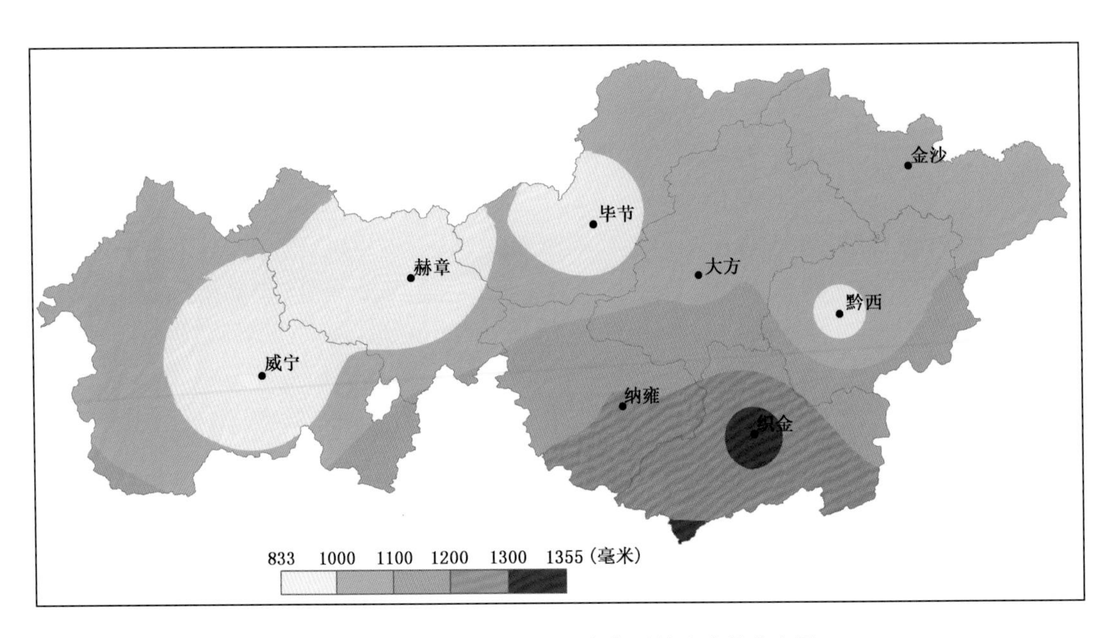

图 2.8 毕节市 1981—2010 年年平均降水量分布图

整体而言,毕节市降水充沛,境内地表水源及地下水源能得到充分补充,形成了草海湿地、杜鹃花海等自然景观;自然的雨热同期资源配置,满足各种生物良好生长的条件,塑造了毕节市优美的生态环境。

2.3 夜雨昼晴,空气清新

毕节市地处我国西南水汽通道上(汪卫平,2003),雨量充沛,雨日多,尤其是夜雨日多(吴战平 等,2018)。毕节市年平均降水日数在 168 天(赫章)~220 天(大方),中部的大方、纳雍、织金年平均降水日数较多,超过 200 天,多雨特征最为显著(图 2.9)。

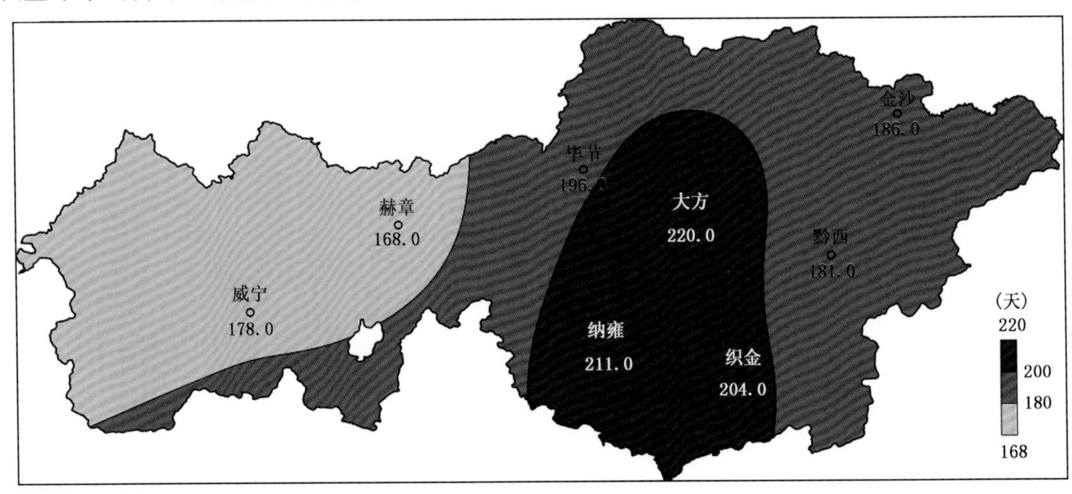

图 2.9 毕节市 1981—2010 年年平均降水日数分布图

毕节市季节平均降水日数春、夏季最多，为51天；冬季次之，为47天；秋季最少，为45天。毕节市月平均降水日数为16天，从月平均降水日数分布来看(图2.10)，6月最多，为19天，11月最少，为13天。1月平均降水日数区域性差异最大，为11天(大方21天、赫章10天)。

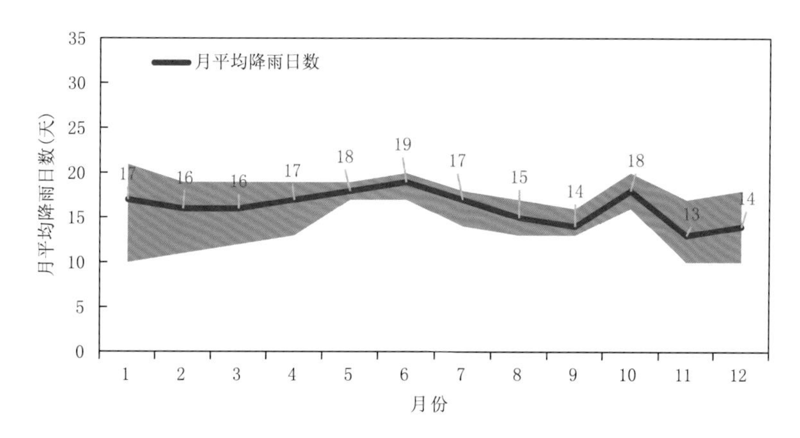

图2.10 毕节市1981—2010年平均降水日数逐月变化

毕节市年平均夜雨日数在134天(赫章)～189天(大方)，平均为162.9天，中部的大方、纳雍、织金年平均夜雨日数较多，超过170天(图2.11)。

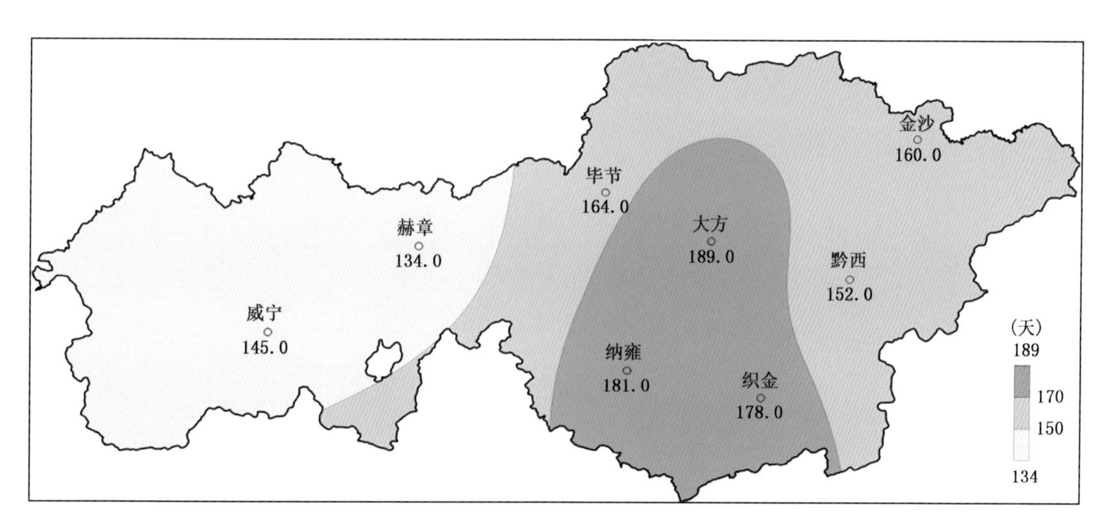

图2.11 毕节市1981—2010年年平均夜雨日数分布图

毕节市季节平均夜雨日数春季最多，为43天；冬季次之，为41天；夏、秋季相当，为39天。毕节市月平均夜雨日数为14天，从月平均夜雨日数分布来看(图2.12)，10月最多，为16天，8月和11月最少，为11天。1月平均夜雨日数区域性差异最大，为12天(大方20天、赫章8天)。

毕节市年夜雨量在723.8毫米(1966年)～1067.3毫米(1983年)，平均年夜雨量为880.7毫米(图2.13)，年夜雨量占年降水量的比例在59%(赫章)～69%(织金)，区域平均为64%；年夜雨日数占年降水日数的比例在80%(赫章)～87%(织金)，区域平均为84%(表2.2)。

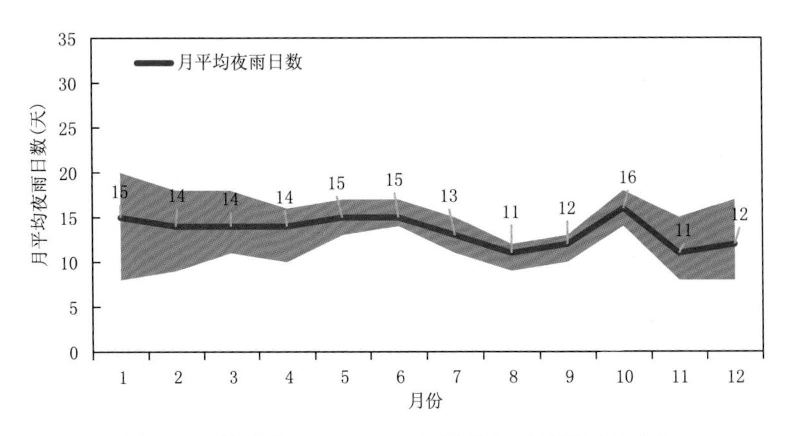

图 2.12 毕节市 1981—2010 年平均夜雨日数逐月变化

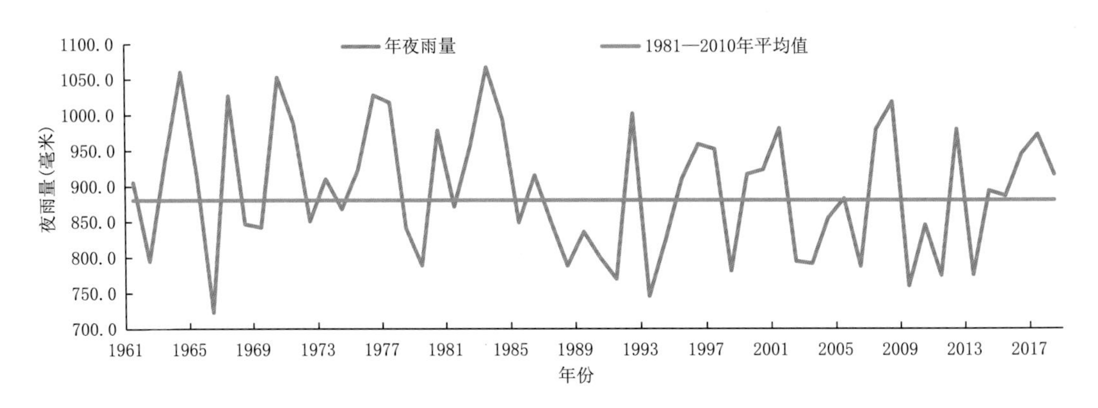

图 2.13 毕节市 1961—2018 年年夜雨量逐年变化

表 2.2 毕节市 1981—2010 年年夜雨日数及夜雨量占比

市/县名	年夜雨日数占比(%)	年夜雨量占比(%)
赫章	80	59
威宁	81	60
毕节	84	62
大方	86	63
金沙	86	67
纳雍	86	65
黔西	84	65
织金	87	69
平均	84	64

综合分析表明,雨日多且夜雨多是毕节市的主要降水特征和气候优势。雨水增加了空气的湿润度,对空气中的尘埃有清洁作用,使得毕节市空气的洁净度高,空气清新舒适。

2.4 立体气候，类型多样

毕节市境内海拔最高处位于赫章县珠市乡韭菜坪，海拔2900.6米，也是贵州最高点，最低处位于金沙县与仁怀县、四川省古蔺县交界的赤水河谷鱼塘河边，海拔457米。由于海拔高差大，导致垂直立体气候明显，造就了“一山有四季，十里不同天”的神奇景观。多样的气候使得毕节市生态多样，地表资源丰富。此外，适宜的气温、充沛的降水和有效的日照为毕节市境内自然植被的生长、生物多样性的保持提供了有利保证。毕节市境内有植物2000多种，野生动物1000多种，珍稀动物在10种以上，国家一类保护珍禽黑颈鹤受到很好的保护，吸引着无数的中外专家和游客。

毕节市独特的山地立体气候地理条件，使得其气象景观丰富多样，不同的季节、不同的高度、不同的视角、不同的位置可以看到不同的天空颜色及云海、霞光、曙光、暮光、云雾、彩虹、烟雨、积雪、冰凌、雨凇、雾凇等优美的气象景观（图2.14、图2.15和图2.16）。

图2.14 云海（苗麒麟、饶丽、黎万钊摄，贵州省毕节市摄影家协会提供）

图 2.15 彩虹、霞光(苗麒麟、周勉钧、况华斌、卢登秀摄,贵州省毕节市摄影家协会提供)

图 2.16 积雪、雨凇和雾凇(聂绍钧、丁希志摄,贵州省毕节市摄影家协会提供;
威宁县气象局摄,威宁县气象局提供)

2.5 灾害偏轻,安全宜居

气象灾害的发生直接影响到人们的生产生活,毕节市地域广,对人民生活、旅游等活动影响较大的主要有暴雨、冰雹、雷暴等灾害(康学良 等,2010),但总体上毕节市灾害性天气发生频率低，通过各级政府职能部门采取的主动预防应急措施，可以及时有效地减轻灾害性天气对旅居活动的不利影响(胡永松 等，2015)。

2.5.1 暴雨

暴雨不仅容易引发山洪，还会诱发泥石流、崩塌、滑坡等次生灾害，给旅游活动造成重大影响。毕节市日降水量在50.0毫米以上的年均暴雨日数在1.2天(威宁)～4.6天(织金)(表2.3)，暴雨主要出现在夏季，最多的7月也仅有0.6天(图2.17)。

表2.3 毕节市各站点1981—2010年年平均暴雨日数

站点	赫章	威宁	毕节	大方	金沙	纳雍	黔西	织金
暴雨日数(天)	1.4	1.2	1.5	1.6	2.3	2.7	1.8	4.6

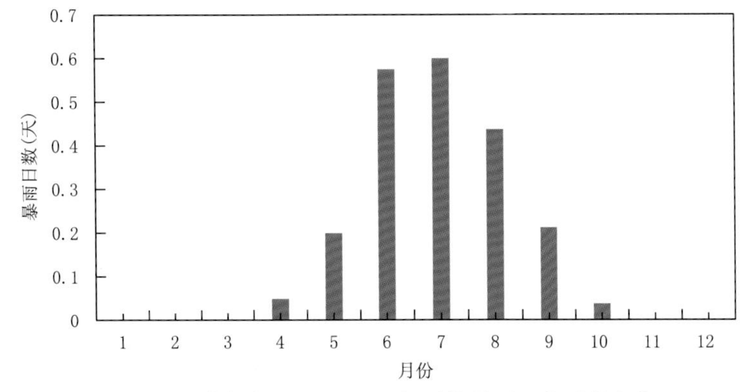

图2.17 毕节市1981—2010年平均暴雨日数逐月变化

毕节日降雨量在50.0毫米以上的暴雨日数年均1.5天，是周边300千米范围内相对较少的地区；毕节50.0毫米以上的暴雨强度均值为70.4毫米/天，是周边300千米范围内相对较弱的地区(图2.18)。

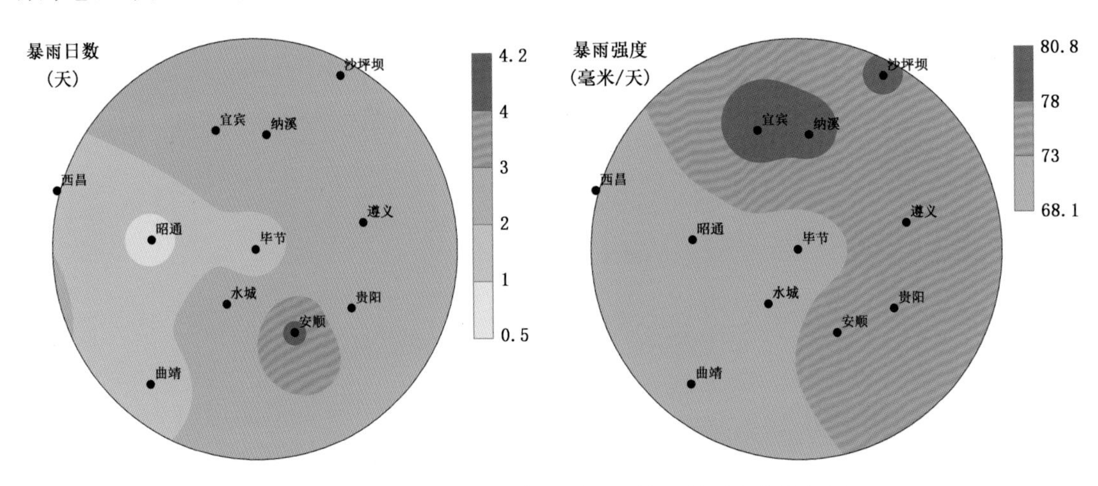

图2.18 毕节及周边地区年均暴雨日数和暴雨强度分布图
(1981—2010年，日降水量≥50.0毫米)

1961—2018年，毕节市年平均暴雨日数为2.2天，总体呈略增趋势(图2.19)。1994年暴雨日数为0.9天，为1961年以来最少；2014年暴雨日数为3.8天，为1961年以来最多。

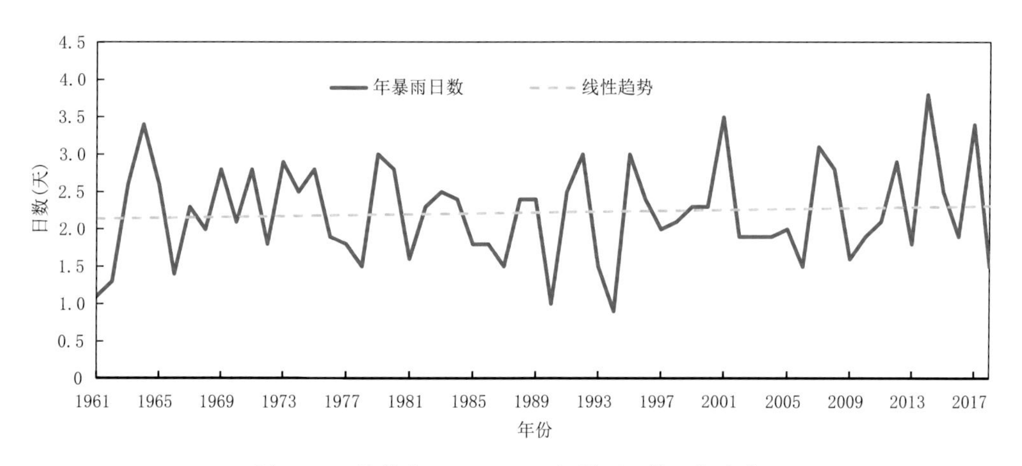

图2.19 毕节市1961—2018年暴雨日数逐年变化

2.5.2 冰雹

冰雹是常见的气象灾害，破坏力很强，毕节市年均冰雹日数在0.5天(金沙)～1.6天(威宁、毕节、大方、纳雍)(表2.4)，冰雹主要出现在春季，最多的4月也仅有0.5天(图2.20)。

表2.4 毕节市各站点1981—2010年年平均冰雹日数

站点	赫章	威宁	毕节	大方	金沙	纳雍	黔西	织金
冰雹日数(天)	1.4	1.6	1.6	1.6	0.5	1.6	1.1	1.3

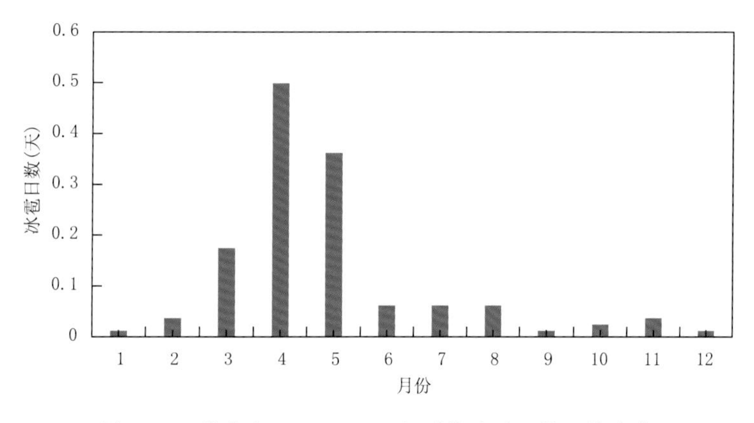

图2.20 毕节市1981—2010年平均冰雹日数逐月变化

1961—2018年，毕节市年平均冰雹日数为1.6天，总体呈减少趋势(图2.21)。1969年冰雹日数为3.9天，为1961年以来最多；2017年无冰雹日出现，为1961年以来最少。

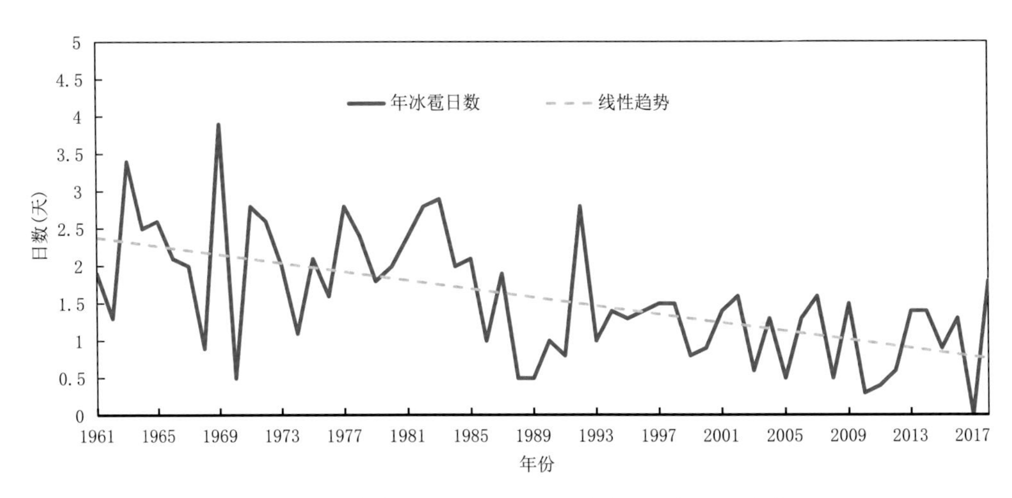

图 2.21 毕节市 1961—2018 年平均冰雹日数逐年变化

2.5.3 雷暴

雷暴天气对人们的出行旅游影响较大，毕节市年均雷暴日数在 38.1 天(金沙)～57.0 天(纳雍)(表 2.5)，主要集中在 4—8 月出现(图 2.22)。

表 2.5 毕节市各站点 1981—2010 年年平均雷暴日数

站点	赫章	威宁	毕节	大方	金沙	纳雍	黔西	织金
雷暴日数(天)	48.8	55.7	51.2	45.1	38.1	57.0	41.7	47.2

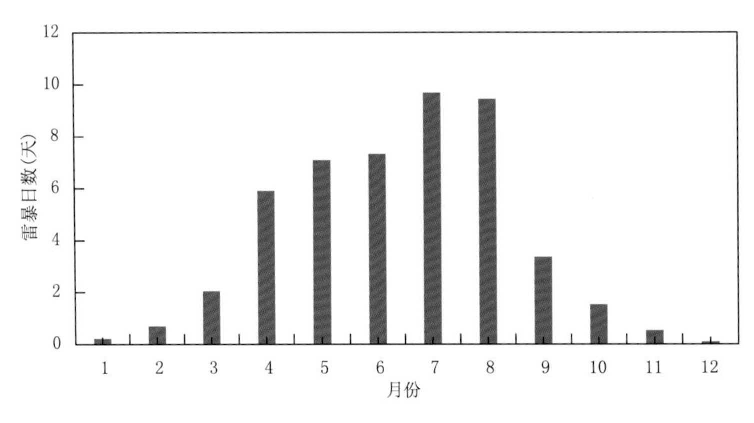

图 2.22 毕节市 1981—2010 年平均雷暴日数逐月变化

1961—2013 年，毕节市年平均雷暴日数为 53.2 天，总体呈减少趋势(图 2.23)。1963 年雷暴日数为 85.0 天，为 1961 年以来最多；2011 年雷暴日数为 32.0 天，为 1961 年以来最少。

多年来，毕节市高度重视加强防灾减灾体系建设，市、县两级相继成立了减灾中心，落实了防灾减灾救灾工作队伍，基本建立了“党委领导、政府主导、部门联动、社会参与”的防灾减灾救灾体制。

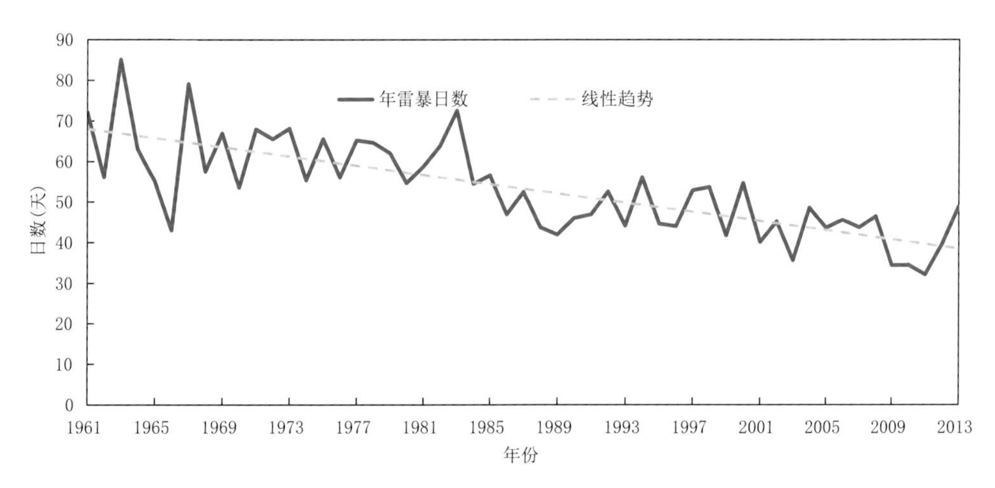

图 2.23　毕节市 1961—2013 年平均雷暴日数逐年变化
（毕节市雷暴日数观测截至 2013 年）

在防汛体系建设方面，毕节市先后在重点水库、河道、重点防洪乡镇等建设雨水情监测站和视频监测站，建立山洪灾害市、县两级监测预警平台，编制县、乡、村级山洪灾害防御预案，在全市山洪灾害危险区建设无线预警广播、手摇报警器、高音喇叭、铜锣、口哨等预警手段，基本实现预警信号行政村全覆盖。

在旅游景区预报预警服务方面，毕节市各级气象部门贯彻防灾减灾气象先行的服务理念，严格落实“三个叫应”服务机制，针对旅游景区开展专题气象服务，加强灾害性天气监测预警和气象预报预警信息发布，将灾害性天气监测预报预警信息第一时间报送相关部门领导，及时将气象灾害预警信息通过各种渠道发送给旅游管理部门、景区管理机构和游客，尤其做好节假日、重大活动期间以及恶劣天气条件下旅游景区的预警和提醒提示，引导社会公众有效规避气象灾害。政府各职能部门紧密配合，乡镇指挥精准调度，可将气象灾害风险及损失降至最小。

2.6　气候变化，趋势分析

近 58 年（1961—2018 年），毕节市的年平均气温总体呈上升趋势，58 年内上升了约 1.0 ℃，增温幅度约为 0.18℃/10 年。气温高值的年份主要集中在 1997 年以后，其中 2013 年和 2015 年的平均气温为最高。年降水量在 1985 年以前以偏多为主，1985 年之后呈上下起伏变化状态，总体呈减少趋势，减少幅度约为 16.1 毫米/10 年（图 2.24 和图 2.25）。

以全球模式比较项目（CMIP5）综合 2020—2050 年和 2020—2070 年集合预估的格点数据（分辨率 1°×1°）为基础，分析在 RCP4.5 情景下的气候模式预估结果均显示，在未来 30 年，毕节市年平均气温将会进一步升高，年降水量将呈现增加的趋势，而在未来 50 年内，毕节市年平均气温也将会进一步升高，年降水量也呈增加趋势，但增加幅度趋缓（表 2.6）。

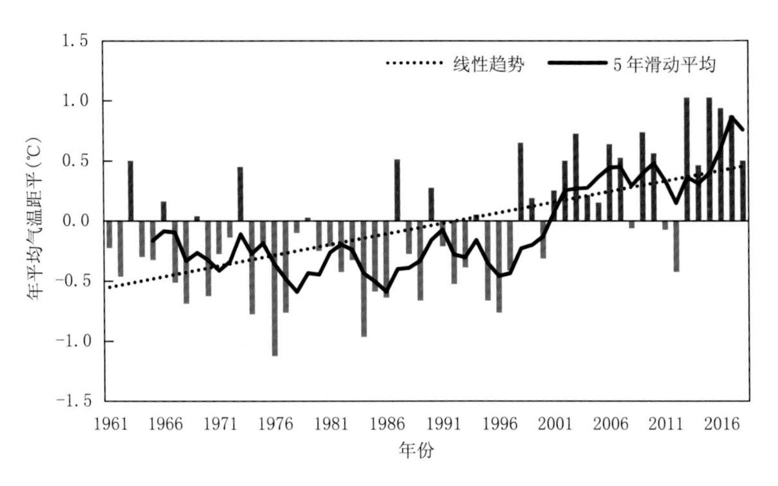

图 2.24　毕节市 1961—2018 年年平均气温距平逐年变化

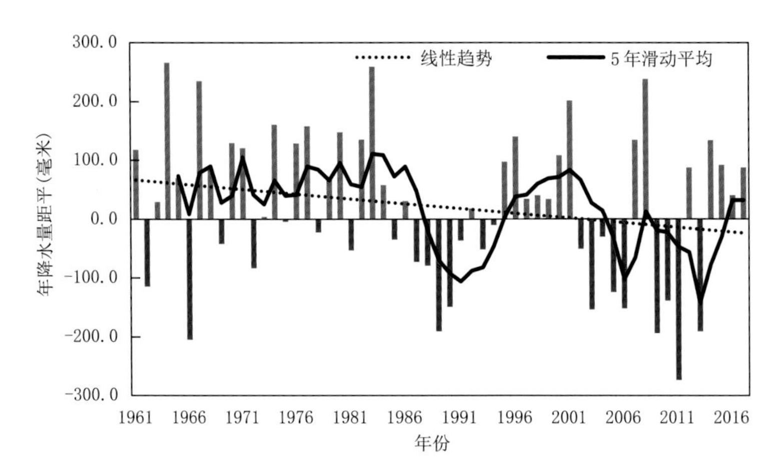

图 2.25　毕节市 1961—2018 年年降水量距平逐年变化

表 2.6　毕节市温度与降水变化趋势预测

项目	温度变幅(℃/10 年)	降水变幅(毫米/10 年)
SRES 排放情景	RCP 4.5	RCP4.5
毕节(2020—2050 年)	0.30	19.33
毕节(2020—2070 年)	0.29	11.94
贵州(2020—2050 年)	0.31	21.75
贵州(2020—2070 年)	0.30	12.90

本节所使用的全球气候模式气候变化预估数据，由国家气候中心研究人员对数据进行整理、分析和惠许使用。原始数据由各模式组提供，由 WGCM(JSC/CLIVAR Working Group on Coupled Modelling)组织 PCMDI(Program for Climate Model Diagnosis and Intercomparison)搜集归类。多模式数据集的维护由美国能源部科学办公室提供资助。在此表示衷心感谢！

生态优美

优质的气候条件和特殊的地理环境造就了毕节市优良的自然生态环境，境内动植物种类繁多，生物多样性突出，生态环境优良。毕节市多年来持续开展生态文明建设，坚持“绿水青山就是金山银山”的发展理念，大力推进森林资源保护，严格执行森林采伐限额管理制度，强化森林资源保护管理措施，使全市森林资源得到有效保护。随着生态保护措施持续增强，生态环境质量不断提高，空气、水质等环境质量优良。近年来，毕节市获得“全国林业生态建设示范区”“全国防治石漠化示范区”、第二批“全国生态文明示范工程试点”“全国生态保护与建设示范区”等称号，生态文明建设成效显著。

3.1 环境质量优越

3.1.1 负氧离子浓度高

负氧离子有着“空气维生素”“长寿素”之称，对人体健康十分有利。负氧离子被吸入人体后，能达到调节神经中枢的兴奋状态，改善肺的换气功能，改善血液循环，促进新陈代谢、增强免疫系统能力、使人精神振奋、提高工作效率等作用(高菊，2003)。研究发现，当空气中的负氧离子含量为1000～10 000个/立方厘米时，人就会感到舒服，心情也相对安定；当空气中的负氧离子含量为10 000个/立方厘米以上时，人就会感到非常有精神，心情感到非常愉悦；当空气中的负氧离子含量为20万个/立方厘米以上时，不仅感到舒服，还有起到减缓疲劳、改善睡眠、预防呼吸道疾病等效果(尚媛媛 等，2018)。

国内外专家建议“清新空气中负氧离子含量不应低于1000个/立方厘米”，人们也越来越青睐选择环境优美，空气清新的地方开展旅游休闲活动(张艳丽，2013)。

毕节市生态环境优越，主要景区负氧离子浓度高，十分有利于人体健康。按照空气负氧离子浓度等级标准(表3.1)，空气质量指标达到第1级，负氧离子浓度高，空气清新，对人体健康极有利，能增强人体免疫力、抗菌力，减少疾病传染，适合康养休闲、度假旅游。2013年1月至2019年3月毕节市主要景区月平均负氧离子浓度在2137.5～9951.9个/立方厘米(表3.2)。

表 3.1　空气负(氧)离子浓度等级标准(QX/T 380—2017)

空气质量指标/等级	空气负(氧)离子浓度(N)(个/立方厘米)	空气清新程度
1 级	N≥1200	浓度高,空气清新
2 级	500≤N<1200	浓度较高,空气较清新
3 级	100≤N<500	浓度中,空气一般
4 级	0<N<100	浓度低,不清新

表 3.2　毕节市主要景区负氧离子监测数据汇总表

编号	地点	平均浓度(个/立方厘米)	空气质量等级	与人健康关系	空气清新程度
1	百里杜鹃普底景区	6915	1 级	极有利	特别清新
2	织金洞入洞口	3566.5	1 级	极有利	特别清新
3	织金洞寿星宫	9951.9	1 级	极有利	特别清新
4	织金洞广寒宫	2137.5	1 级	极有利	特别清新

3.1.2　空气环境优良

空气质量指数(Air Quality Index,简称:AQI)是定量描述空气质量状况的无量纲指数,可以很好地表征环境空气质量状况,它是依据空气中污染物浓度的高低来判断的,其数值越大说明空气污染越严重,能反映当前复合型大气的污染形势(柏玲 等,2019);参与空气质量评价的主要污染物为细颗粒物($PM_{2.5}$)、可吸入颗粒物(PM_{10})、二氧化氮(NO_2)、二氧化硫(SO_2)、一氧化碳(CO)和臭氧(O_3)六项。

根据《环境空气质量指数(AQI)技术规定》(HJ633—2012),可计算出 AQI 值,空气质量按照 AQI 大小分为六级,分别为 1 级优、2 级良、3 级轻度污染、4 级中度污染、5 级重度污染和 6 级严重污染。AQI 越大,级别越高,说明空气污染的情况越严重,对人体健康的危害也就越大。

从 2015—2018 年旅游旺季的 4—10 月毕节逐日环境空气质量监测数据可看出,毕节逐日的 AQI 值仅有 1 天为轻度污染等级,其余时段均达到"优良"等级,环境空气质量好(图 3.1)。

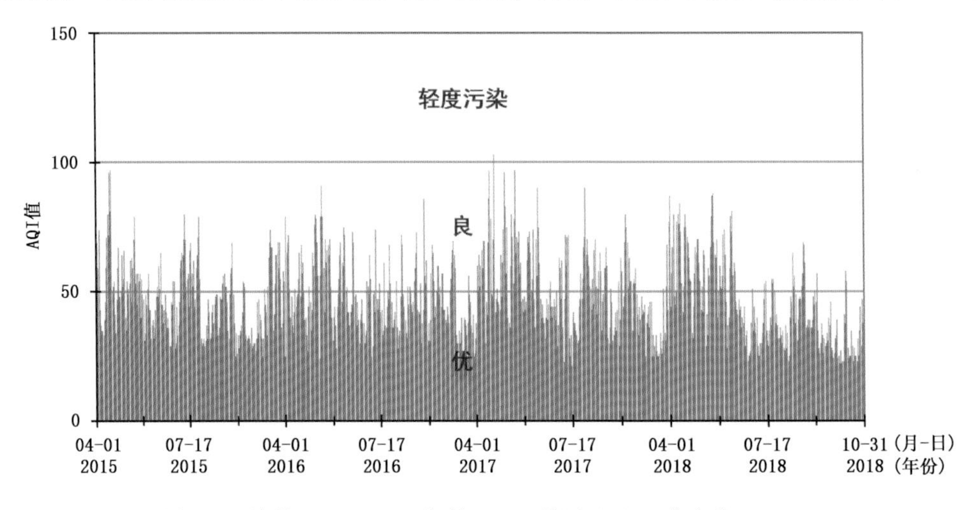

图 3.1　毕节 2015—2018 年的 4—10 月逐日 AQI 值变化

毕节的空气质量一直处于优良状态，2015—2018年空气质量优良日数平均达到353天，优良率平均为97%，优良天数呈现上升趋势(图3.2)，环境空气质量不断得到提高，4—10月空气质量优天数总体逐年增加，良天数在减少，良等级逐渐向优等级上升(图3.3)，环境空气质量越来越好。

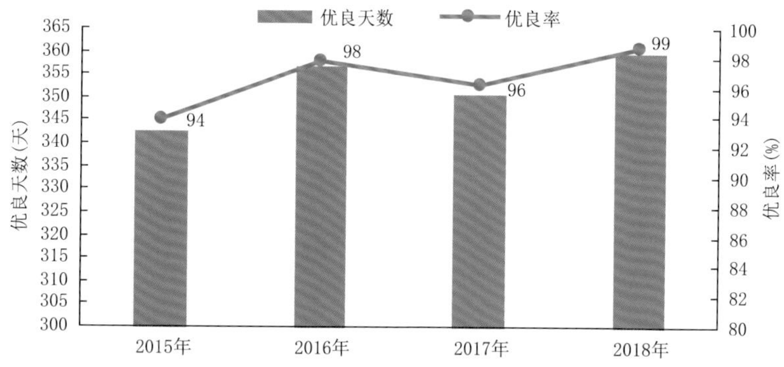

图3.2 毕节2015—2018年年空气质量优良天数及优良率

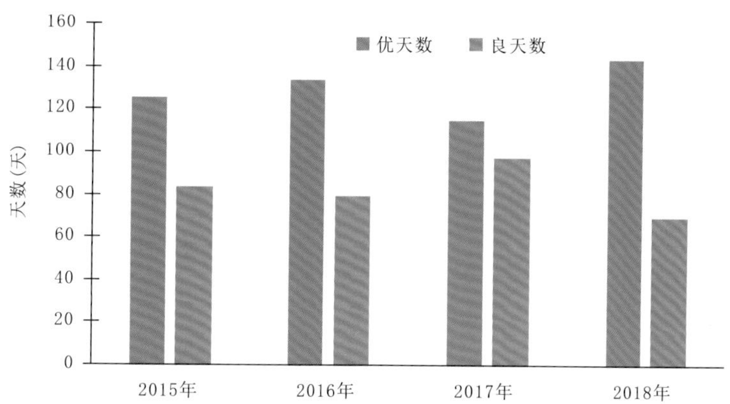

图3.3 毕节2015—2018年的4—10月空气质量优、良天数统计

对比毕节与主要旅游城市2017—2018年夏季环境空气质量(图3.4)，毕节夏季环境空气质量优良率为100%，与丽江、六盘水、贵阳和安顺持平，高于杭州、哈尔滨、大连、青岛、重庆、桂林等城市，毕节环境空气质量优势突出。

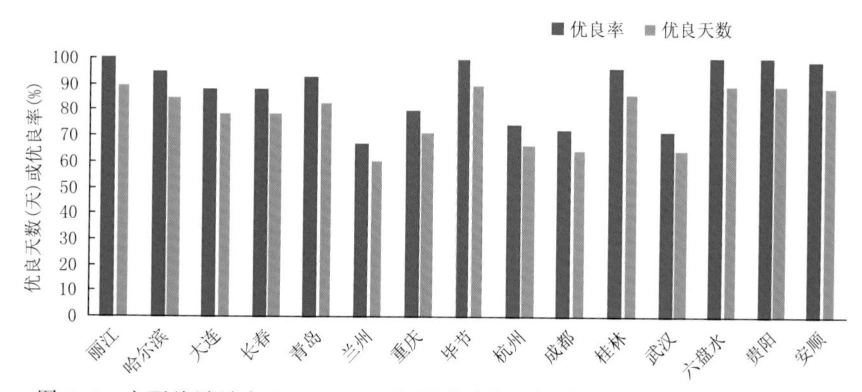

图3.4 主要旅游城市2017—2018年夏季平均空气质量优良天数或优良率对比

3.1.3 水质环境优等

毕节市的水质一直处于优良状态。毕节市倒天河水库和利民水库两个集中式饮用水源地2017年各月监测结果均为Ⅱ类水质(优)；2016—2018年地表水赤水河流域各监测河流水质各时段的水质监测结果均为Ⅰ、Ⅱ类水质(优)，乌江流域水质监测结果总体属于Ⅰ～Ⅲ类水质(优)，牛栏江、横江流域水质监测结果均为Ⅱ类水质(优)(表3.3)。总体而言，毕节市集中饮用水源地水质为优，地表河流水质为优，均达到规定的水质类别，满足水域功能要求，优良率高。

表3.3 毕节市2016—2018年河流水质监测结果

所属流域	所在河流	2016年实达类别	2017年实达类别	2018年实达类别	水系状况
赤水河流域	赤水河	Ⅱ	Ⅱ	Ⅱ	优
	堡合河	Ⅱ	Ⅱ	Ⅰ	优
	二道河	Ⅱ	Ⅱ	Ⅱ	优
	水边河	Ⅱ	Ⅱ	Ⅱ	优
	渭河	Ⅱ	Ⅱ	Ⅱ	优
乌江流域	乌江源头	Ⅱ	Ⅱ	Ⅰ	优
	乌江	Ⅱ	Ⅱ	Ⅰ	优
	野济河	Ⅱ	Ⅱ	Ⅱ	优
	偏岩河	Ⅱ	Ⅱ	Ⅰ、Ⅱ	优
	雨冲河	Ⅲ	Ⅲ	Ⅰ	优
	贯城河	Ⅱ、Ⅲ	Ⅱ、Ⅲ	Ⅱ、Ⅲ	优
	渭河	Ⅱ	Ⅱ	Ⅱ	优
	花滩河	Ⅱ	Ⅱ	Ⅱ	优
	米底河	Ⅱ	Ⅱ	Ⅱ	优
	六冲河	Ⅱ	Ⅱ	Ⅱ	优
	贯城河	Ⅱ	Ⅱ	Ⅱ	优
	白甫河	Ⅱ	Ⅱ	Ⅱ	优
	大河	Ⅱ	Ⅱ	Ⅱ	优
	马场河	Ⅱ	Ⅱ	Ⅱ	优
	木白河	Ⅲ	Ⅲ	Ⅱ	优
	凹水河	Ⅲ	Ⅲ	Ⅱ	优
	底那河	Ⅱ	Ⅱ	Ⅱ	优
	伍佐河	Ⅱ	Ⅱ	Ⅱ	优
	引底河	Ⅱ	Ⅱ	Ⅱ	优
	六曲河	Ⅱ	Ⅱ	Ⅱ	优
	野马川河	Ⅱ	Ⅱ	Ⅱ	优
	响水上坝河	Ⅴ	Ⅱ	Ⅱ	优
	三岔河	Ⅱ	Ⅱ	Ⅱ	优
	歹阳河	Ⅲ	Ⅲ	Ⅱ	优
	干田河	Ⅱ	Ⅱ	Ⅱ	优
	珠市河	Ⅱ	Ⅱ	Ⅱ	优
牛栏江流域	牛栏江	Ⅱ	Ⅱ	Ⅱ	优
横江流域	拖洛河	Ⅱ	Ⅱ	Ⅱ	优

3.2 生态环境良好

1988年以来，毕节市森林覆盖率不断提高，生态环境明显得到改善(图3.5)。2018年，森林覆盖率达56.13%，是全国均值的2.59倍。七星关、大方、黔西、金沙、织金、纳雍、赫章7个县(区)获省级森林城市称号。

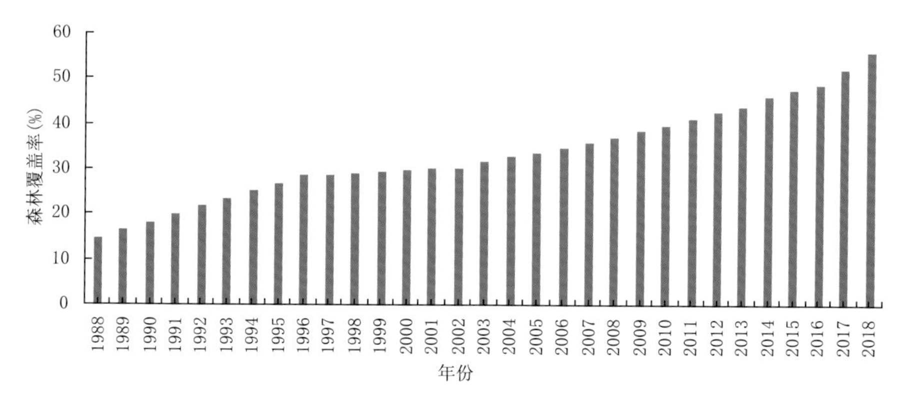

图3.5　毕节市1988—2018年森林覆盖率变化

根据遥感生态指数(RSEI)(章勇 等，2018)，分别统计毕节市各年份绿度(NDVI)、湿度(WET)、热度(LST)、干度(NDSI)四个分指标值及RSEI的均值。毕节市RESI均值从2010年的0.45上升到2018年的0.53，上升了14.5%；8年间RSEI指数呈现出上升态势(表3.4)。2018年，代表生态变好的绿度指标高于2010年，但湿度指标略低于2010年，而代表生态变差的干度指标比2010年高，两年的热度指标相当，表明毕节市温度条件较稳定。

表3.4　各年份各指标及RSEI指数统计

年份	绿度 NDVI	湿度 WET	热度 LST	干度 NDSI	指数 RSEI
2010年	0.62	0.41	0.52	0.59	0.45
2018年	0.64	0.37	0.53	0.65	0.53

为进一步对遥感生态指数进行定量化与可视化分析，将两年的RSEI指数分成5个等级，分别代表生态差、较差、中等、良、优5个等级，对应的RSEI指数范围分别为[0,0.25]、[0.25,0.40]、[0.40,0.50]、[0.50,0.60]、[0.60,1.0](图3.6和图3.7)。

2010—2018年，毕节市生态环境优良等级增加了7223平方千米，占总面积的27.3%，较差以下等级减少了4973平方千米，占总面积的18.8%，2018年毕节市生态环境质量明显好于2010年(表3.5)。

基于2010年与2018年生态环境质量分析结果，对毕节市RSEI指数进行差值变化对比(图3.8)，结果显示，2010—2018年，毕节市生态环境变好的面积为15879平方千米，占总面积的59.99%，而变差的面积仅为1458平方千米，占总面积的5.51%，由此可见，毕节市的生态环境整体呈上升趋势(表3.6)。

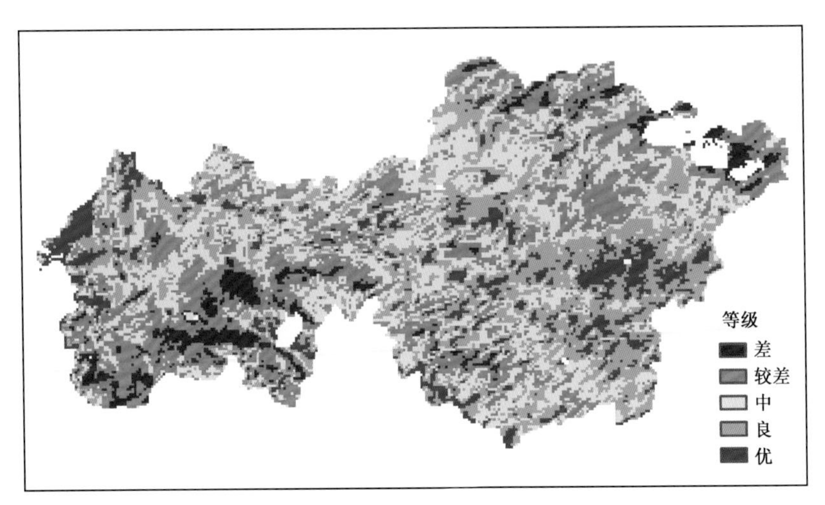

图 3.6　2010 年毕节市生态环境质量等级分布图

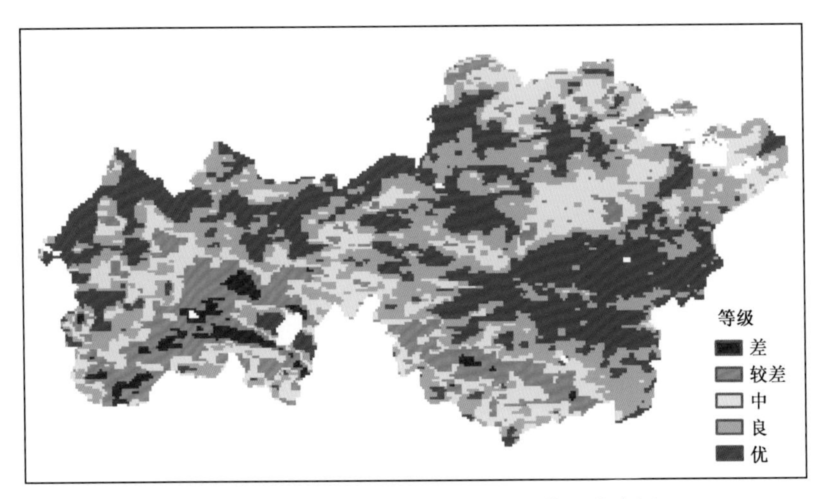

图 3.7　2018 年毕节市生态环境质量等级分布图

表 3.5　各年份生态等级面积及其占比

生态等级	2010 年		2018 年		占比差值(%)(2018—2010 年)
	各生态等级面积(平方千米)	各生态等级占比(%)	各生态等级面积(平方千米)	各生态等级占比(%)	
差	1626	6.1	638	2.4	−3.7
较差	7398	27.9	3413	12.9	−15.0
中	8010	30.3	5760	21.8	−8.5
良	6739	25.5	8113	30.6	5.1
优	2697	10.2	8546	32.3	22.1

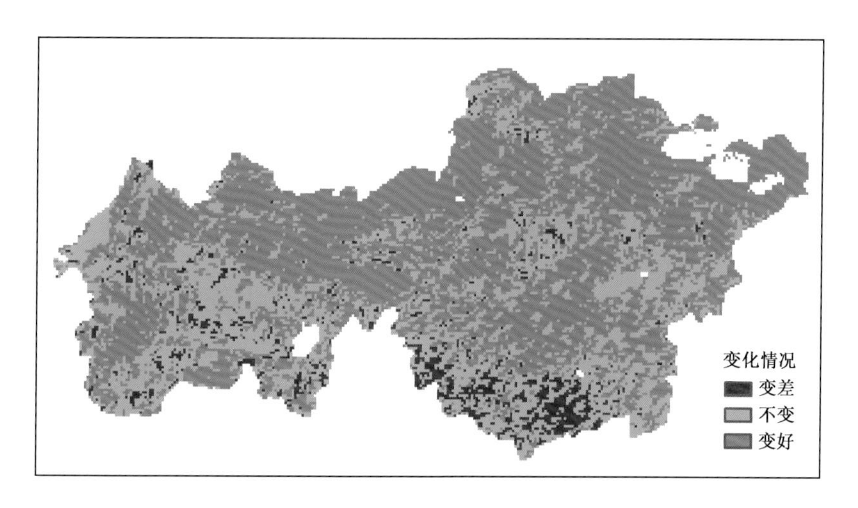

图 3.8　2010 年与 2018 年毕节市生态环境质量变化图

表 3.6　RSEI 指数差值变化

类别	面积(平方千米)	面积占比(%)
变差	1458	5.51
不变	9132	34.50
变好	15879	59.99

3.3　生物资源丰富

毕节市海拔相对高差大，垂直气候变化尤为明显，山上山下冷暖不同，高原盆地寒热各异，利于多种动植物生长。毕节市生物资源多样，拥有动植物资源 2800 多种，野生动物 1000 多种，鱼类 74 种，脊椎动物 387 种，珍稀动物在 10 种以上。

3.3.1　动物种类丰富

毕节市优越的自然条件，为野生动物提供了良好的栖息环境，孕育了丰富的野生动物资源。毕节市畜禽种类多，已发现鱼类 74 种，脊椎动物 387 种，黑颈鹤、白鹤等国家珍稀保护鸟类在毕节市栖息，吸引着无数的中外专家和游客。可乐猪为毕节市独有，驰名全国。

黑颈鹤(学名:Grus nigricollis)(图 3.9)是大型涉禽，体长 110～120 厘米，体重 4～6 千克。体羽灰白色，头部、前颈及飞羽黑色，尾羽褐黑色。头顶前方裸区呈暗红色，三级飞羽的羽片分散，当翅闭合时超过初级飞羽。栖息于海拔 2500～5000 米的高原的沼泽地、湖泊及河滩地带，主要以植物叶、根茎、荆三棱、块茎、水藻、玉米、砂粒为食。繁殖于拉达克，中国西藏、青海、甘肃和四川北部一带，越冬于印度东北部，中国西藏南部、贵州、云南等地。是世界上唯一生长、繁殖在高原的鹤。属国家珍稀保护鸟类。

图 3.9　黑颈鹤(阿铺索卡摄,贵州省毕节市摄影家协会提供)

白鹤(学名:Grus leucogeranus)(图 3.10)是大型涉禽,略小于丹顶鹤,体长 130～140 厘米。站立时通体白色,胸和前额鲜红色,嘴和脚暗红色;飞翔时,翅尖黑色,其余羽毛白色,栖息于开阔平原沼泽草地、苔原沼泽和大的湖泊岩边及浅水沼泽地带。常单独、成对和成家族群活动,迁徙季节和冬节则常常集成数十只、甚至上百只的大群,特别是在迁徙中途停息站和越冬地常集成大群。主要以苦草、眼子菜、苔草、荸荠等植物的茎和块根为食,也吃水生植物的叶、嫩芽和少量蚌、螺、软体动物、昆虫、甲壳动物等动物性食物。属国家珍稀保护鸟类。

图 3.10　黎明鹤舞(李翔摄,贵州省毕节市摄影家协会提供)

疣螈(学名:Tylototriton asperrimus),别名疣螈、黑痣疣螈,属于蝾螈科,两栖类动物(图 3.11)。生活于海拔 650～2500 米山区溪流的塘边,多在夜间捕食。平时生活在陆地上,夏季繁殖期进入水池中。属于国家二级保护动物。

白琵鹭(学名:Platalea leucorodia)是大型涉禽。全长 85 厘米,全身羽毛白色,眼先、眼周、颏、上喉裸皮黄色;嘴长直、扁阔似琵琶;胸及头部冠羽黄色(冬羽纯白);颈、腿均长,腿下部裸露呈黑色(图 3.12)。白琵鹭栖息于沼泽地、河滩、苇塘等处,涉水啄食小型动物,有时也食水生植物;飞行时颈和脚伸直,交替地拍动翅膀和滑翔。常聚成大群繁殖,筑巢于近水高树上或芦苇丛中,每窝产卵 3～4 枚,白色无斑或钝端有稀疏斑点;雌雄轮流孵卵约 25 天,雏鸟留巢期约 40 天。白琵鹭繁殖于欧亚大陆和非洲西南部的部分地区。属于国家二级保护动物。

图 3.11　疣螈(聂绍钧摄,贵州省毕节市摄影家协会提供)

图 3.12　白琵鹭(聂绍钧摄,贵州省毕节市摄影家协会提供)

可乐猪产于毕节市威宁、赫章两县,此外还分布于七星关、水城、纳雍、盘州等地区。由于该猪种资源珍贵,地处乌蒙山区金沙江畔,因此又称为“乌金猪”。可乐猪属放牧型猪种,适应高寒气候和粗放饲养,体质结实,后腿发达,其肉质优良、肉味鲜美、口感细腻,既适合鲜用,又是制成腊肉火腿的优质材料。可以用其腌制火腿、腊肉,产品以色鲜、清香味美及耐贮而享誉国内外。为此,可乐猪还以国家级优良地方猪种被列入《国家猪种资源志》。据了解,在市场上享有极高声誉的云南宣威火腿、威宁火腿原料绝大多数取源于可乐猪。

3.3.2　植物种类繁多

优质的气候条件和特殊的地理环境孕育了毕节市丰富的植物物种,保持了大量的珍稀濒危物种。毕节市植物种类繁多,垂直分布明显,具有起源古老、种类丰富、孑遗植物和特有种属多的特点。

毕节市有苔类植物近 100 种,蕨类植物 34 科 130 种,裸子植物 9 科 22 种,被子植物 155 科 1809 种。粮食作物 21 种 950 个品种,其中豆类 7 种 277 个品种;油料作物 7 种 64 个品种;药用植物 1000 多种,主产半夏、天麻、茯苓、党参、杜仲。国家重点保护野生植物及珍稀植物有金毛狗、桫椤、扇蕨、银杏、红豆杉等。其他珍稀濒危野生植物有铁杉、高山柏、黑节草(铁皮石斛)、天麻、海菜花等。有各类草场 49.67 万公顷,野生牧草 45 科 378 种。全市有 7 个区县属全国生漆基地县,5 个区县属全国烤烟基地县,2 个县属全国核桃基地县。有全国、全省如马铃薯之乡、白蒜之乡等众多“地理标志”。

川黔紫薇(学名:Lagerstroemia excelsa(Dode)Chun.)为千屈菜科、紫薇属落叶大乔木,高20～30 米,胸径可达 1 米;树皮灰褐色,成薄片状剥落(图 3.13)。叶对生,膜质,椭圆形或阔椭圆形,顶端突然收缩,阔短尖,基部钝形,两边不等大,边缘波状,上面暗绿色,无毛,下面被柔毛,后来除沿叶脉外其余变无毛,花药圆形;子房球形,无毛,蒴果球状卵形,种子长不超过 3 毫米。花期 4 月,果期 7 月。产于中国贵州、四川、湖北;常生于海拔 1200～2000 米的山谷密林中。属于国家重点保护植物。

图 3.13 大方县千年川黔紫薇(黄泥乡)(梅培文摄,贵州省毕节市摄影家协会提供)

银杏(学名:Ginkgo biloba L.)为银杏科、银杏属落叶乔木(图 3.14)。银杏出现在几亿年前,是第四纪冰川运动后遗留下来的裸子植物中最古老的孑遗植物,现存活在世的银杏稀少而分散,上百岁的老树已不多见,和它同纲的所有其他植物皆已灭绝,所以银杏又有活化石的美

图 3.14 大方县御赐古银杏(周勉钧摄,贵州省毕节市摄影家协会提供)

称。银杏树生长较慢，寿命极长，自然条件下从栽种到结银杏果要20多年，40年后才能大量结果，因此又有人把它称做“公孙树”，有“公种而孙得食”的含义，是树中的老寿星。银杏树高大挺拔，叶似扇形，叶形古雅，寿命绵长。冠大荫状，具有降温作用。无病虫害，不污染环境，树干光洁，是著名的无公害树种，有利于银杏的繁殖和增添风景。适应性强，银杏对气候土壤要求都很宽泛，抗烟尘、抗火灾、抗有毒气体。银杏树体高大，树干通直，姿态优美，春夏翠绿，深秋金黄，是理想的园林绿化、行道树种。可用于园林绿化、行道、公路、田间林网、防风林带的理想栽培树种。被列为中国四大长寿观赏树种（松、柏、槐、银杏），具有观赏、经济、药用价值。属于国家一级保护植物。

图3.15　纳雍县珙桐（大坪箐）
（张娅摄，贵州省毕节市摄影家协会提供）

珙桐（学名：Davidia involucrata Baill.）为落叶乔木（图3.15）。高15～25米，叶子广卵形，边缘有锯齿。本科植物只有一属两种，两种相似，只是一种叶面有毛，另一种光叶珙桐是光面。色花奇美，是10万年前新生代第三纪留下的孑遗植物。在第四纪冰川时期，大部分地区的珙桐相继灭绝，只有在中国南方的一些地区幸存下来，成了植物界今天的“活化石”，被誉为“中国的鸽子树”，又称“鸽子花树”“水梨子”。野生种只生长在中国西南四川省和中部湖北省及周边地区。珙桐已被列为国家一级重点保护野生植物，为中国特有的单属植物，属孑遗植物，也是全世界著名的观赏植物。

图3.16　大方县千年红豆杉（鼎新乡）
（梅培文摄，贵州省毕节市摄影家协会提供）

红豆杉（学名：Taxus chinensis (Pilger) Rehd.），是红豆杉属的植物的通称（图3.16）。该属约11种，分布于北半球。中国有4种1变种。红豆杉属于浅根植物，其主根不明显、侧根发达，是世界上公认的濒临灭绝的天然珍稀抗癌植物，是经过了第四纪冰川遗留下来的古老孑遗树种，在地球上已有250万年的历史。属于国家一级保护植物。

白玉兰（学名：Michelia alba DC.），是玉兰花中开白色花的品种（图3.17）。又名木兰、玉兰等。落叶乔木，高达17米，中国著名的花木，有2500年左右的栽培历史，为庭园中名贵的观赏树。古时多在亭、台、楼、阁前栽植。现多见于园林、厂矿中孤植、散植，或于道路两侧作行道树。北方也有作桩景盆栽。现世界各地均已引种栽培。

图 3.17 大方县千年白玉兰(绿塘乡)(梅培文摄,贵州省毕节市摄影家协会提供)

朴树(学名:Celtis sinensis Pers.),别名黄果朴、白麻子、朴、朴榆、朴仔树 、沙朴,乔木,树皮平滑,灰色;一年生枝被密毛。果梗常 2～3 枚(少有单生)生于叶腋,其中一枚果梗(实为总梗)常有 2 果(少有多至具 4 果),其他的具 1 果(图 3.18)。分布于河南、山东、长江中下游和以南诸省区以及台湾,越南、老挝也有。根皮入药,治腰痛、漆疮。

图 3.18 大方县千年朴树(梅培文摄,贵州省毕节市摄影家协会提供)

避暑天堂

毕节市是避暑的天堂，夏季平均气温为 20.9 ℃，夏无酷暑，百般凉爽，19.0～24.0 ℃是人体感觉最舒适的环境温度，毕节市夏季常年有 56.7 天在此范围，占整个夏季的 61.5%；降水量为 526.6 毫米，占全年的 51.5%，夜雨量占比 60%，夜雨日数占比 77%，丰沛的降水资源及多夜雨的气候特征是毕节市高湿度、高洁净度空气质量的气候保证；平均风速为 1.6 米/秒，多为微风，使人精神焕发、心旷神怡。夏季日照平和、阴晴间替，非常适宜避暑和旅游；晨间欣赏朝阳初露，云蒸霞蔚；午间云开雾散，极目远眺，一览众山小；傍晚日落晚余晖、长天霞光尽收眼底。

综合人体舒适度气象指数(BCMI)、温湿指数(THI)、风寒指数(WCI)、着衣指数(ICL)及贵州省避暑旅游气候舒适度指标分析显示，毕节市具有得天独厚的避暑优势，毕节市大部地区夏季旅游城市综合舒适期在 80 天以上，在国内旅游热门城市中，属于最优级旅游城市；近 60 年来，毕节市综合舒适期呈显著增多趋势，十分有利于毕节市发展避暑旅游。

4.1 夏日凉爽，避暑宜人

毕节市夏季平均气温为 20.9 ℃，几乎没有高温(≥35.0 ℃)天气出现。境内因地形起伏变化导致气温垂直分布差异较大，夏季气温随海拔高度增加而逐渐降低(图 4.1)，大体呈河谷高、高山低的分布特征，海拔在 1000 米以下的地区夏季平均气温为 24.0～26.0 ℃，海拔在 1000～1400 米的地区夏季平均气温为 22.0～24.0 ℃，海拔在 1400～1800 米的地区夏季平均气温为 20.0～22.0 ℃，海拔在 1800 米以上的地区夏季平均气温在 20.0 ℃以下(图 4.2)。

在全球气候变暖背景下，近 58 年(1961—2018 年)毕节市夏季平均气温变化率为 0.1 ℃/10 年，夏季增温与全年增温相比较缓慢(图 4.3)。夏季≥35.0 ℃的高温日数无明显增加，毕节市多年平均高温日数仅为 0.2 天，高温绝大多数出现在金沙，但多年平均高温日数也仅为 1.6 天；此外赫章出现过 2 次、黔西出现过 1 次高温天气，其余区域从未出现高温天气，夏季避暑优势明显(图 4.4)。

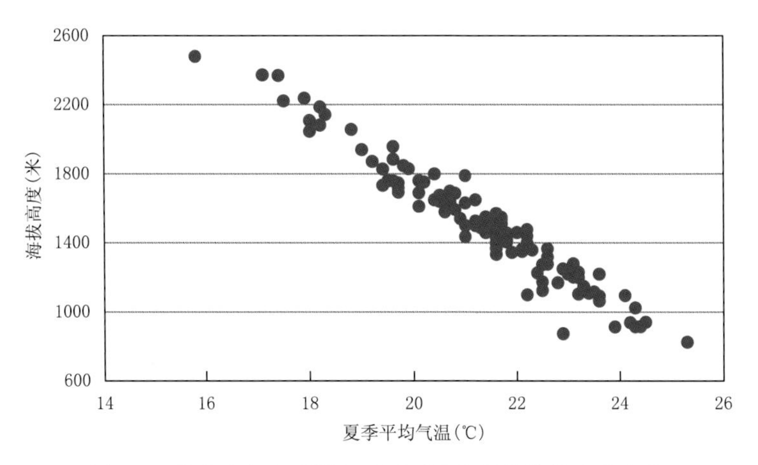

图 4.1 毕节市气象观测站夏季平均气温随海拔高度变化

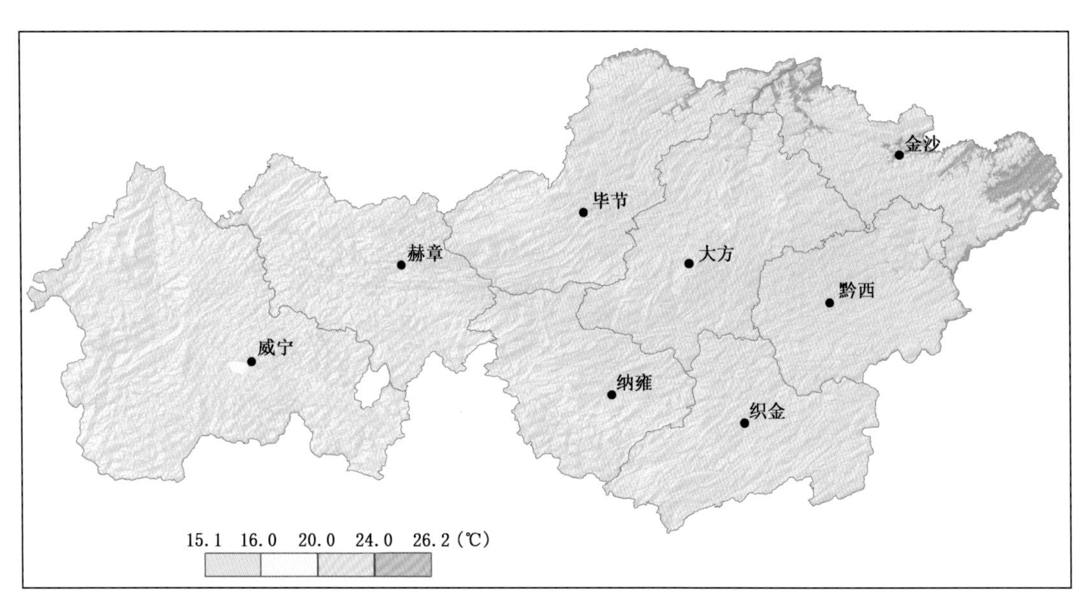

图 4.2 毕节市 1981—2010 年夏季平均气温分布图

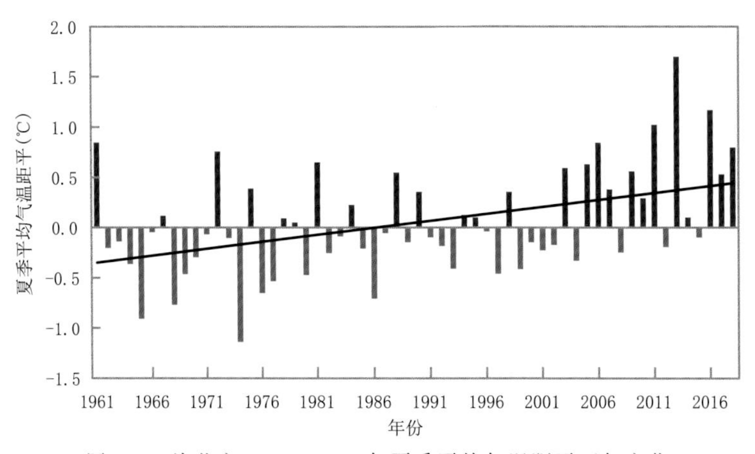

图 4.3 毕节市 1961—2018 年夏季平均气温距平逐年变化

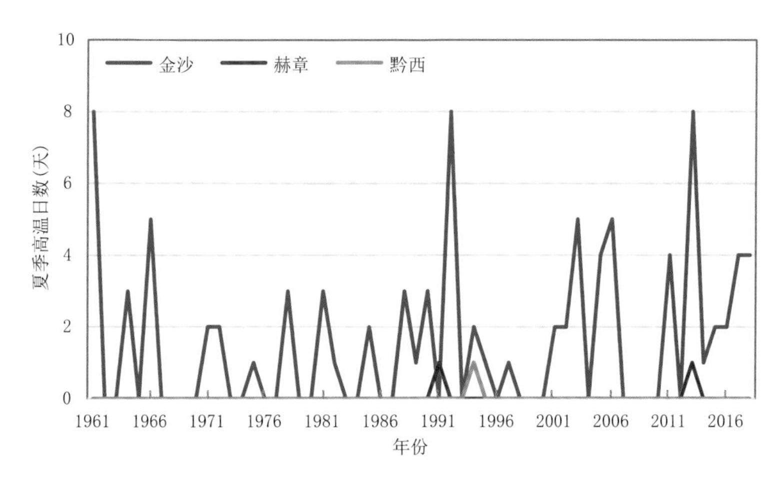

图 4.4 毕节市 1961—2018 年三地夏季平均高温日数逐年变化

毕节市夏季降水量为 526.6 毫米，占全年的 51.5%。与气温不同，降水量随海拔高度变化的关系不大，而与其所处的地理位置有关(图 4.5)。

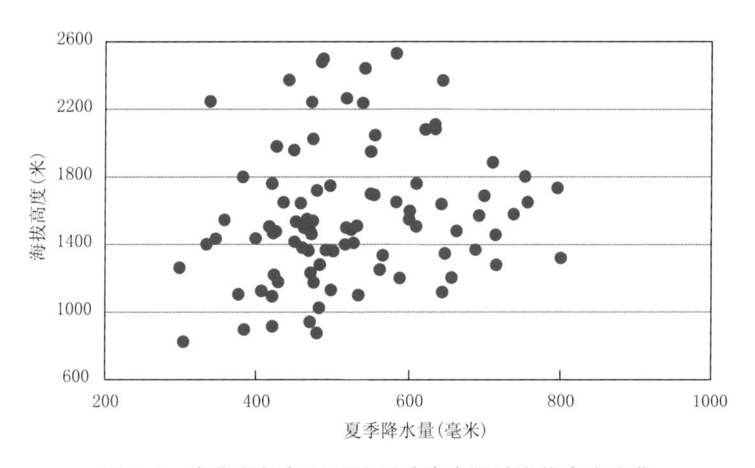

图 4.5 毕节市气象观测站夏季降水量随海拔高度变化

从空间分布来看，毕节市夏季降水量分布由北向南逐渐增多，在 462.1 毫米(毕节)～718.3 毫米(织金)(图 4.6)。

毕节市夏季夜雨日数在 34 天(金沙、黔西)～44 天(织金)，平均为 38.8 天，西部的威宁、南部的纳雍和织金夜雨日数较多，超过 40 天以上(图 4.7)。夜雨量在 147.8 毫米(1972 年)～468.0 毫米(1991 年)，平均夏季夜雨量为 328.6 毫米(图 4.8)。夏季夜雨量占夏季降水量的 60%；夏季夜雨日数占夏季降水日数的 77%(表 4.1)。

毕节市夏季平均相对湿度为 80%(图 4.9)，呈东小中西部大的分布态势(图 4.10)。总体来说，夏季平均相对湿度在适宜范围，湿润的气候对人类生活和动植物的生长十分有益。

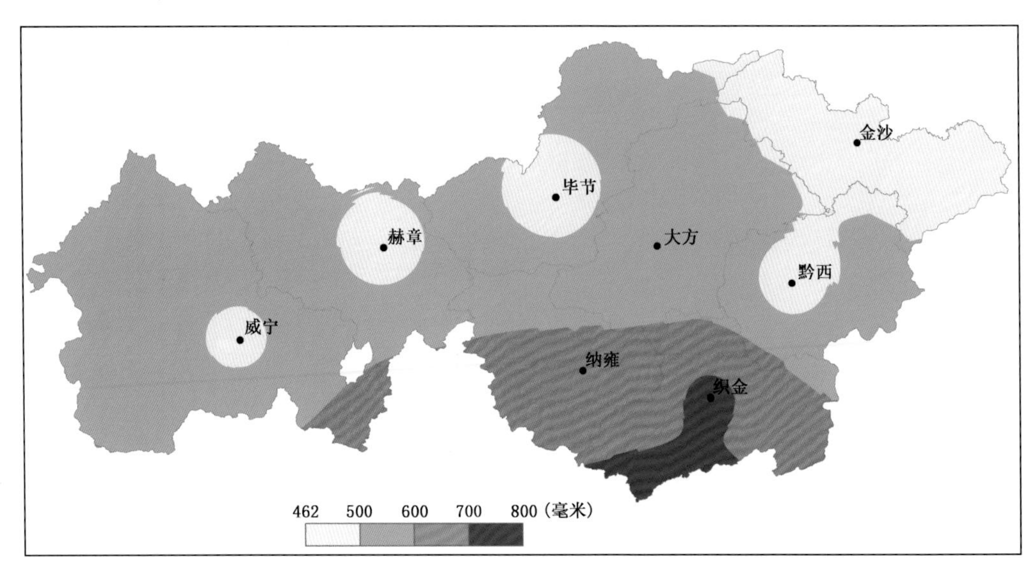

图 4.6 毕节市 1981—2010 年夏季平均降水量分布图

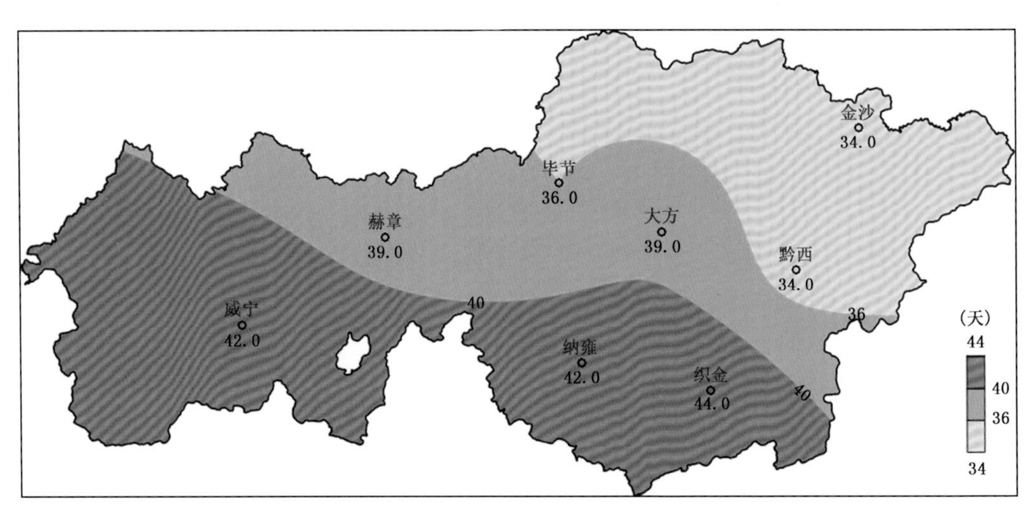

图 4.7 毕节市 1981—2010 年夏季平均夜雨日数分布图

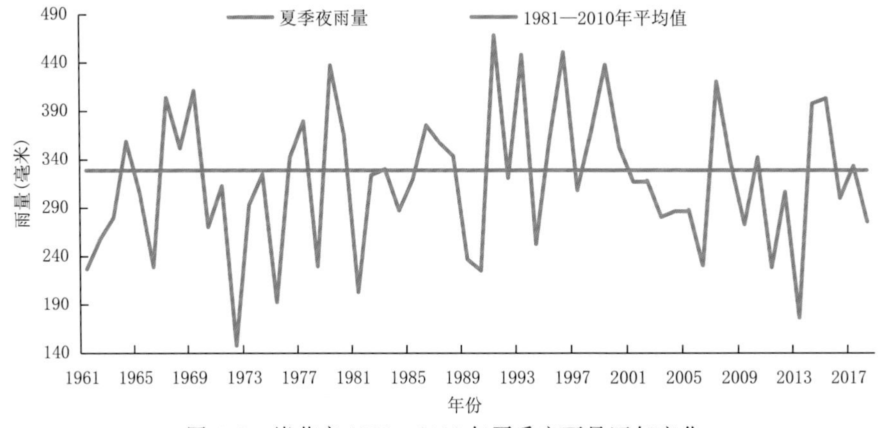

图 4.8 毕节市 1961—2018 年夏季夜雨量逐年变化

表 4.1 毕节市 1981—2010 年夏季夜雨日数及夜雨量占比

	夏季夜雨日数占比(%)	夏季夜雨量占比(%)
赫章	74	54
威宁	75	57
毕节	73	57
大方	76	57
金沙	77	63
纳雍	79	61
黔西	76	61
织金	83	68
平均	77	60

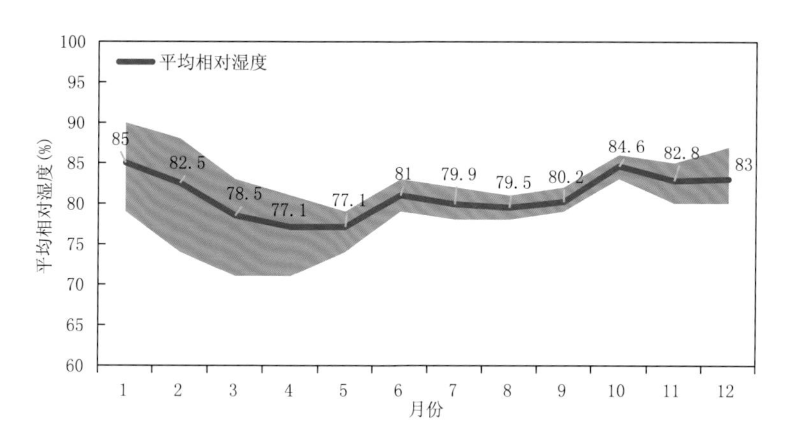

图 4.9 毕节市 1981—2010 年平均相对湿度逐月变化

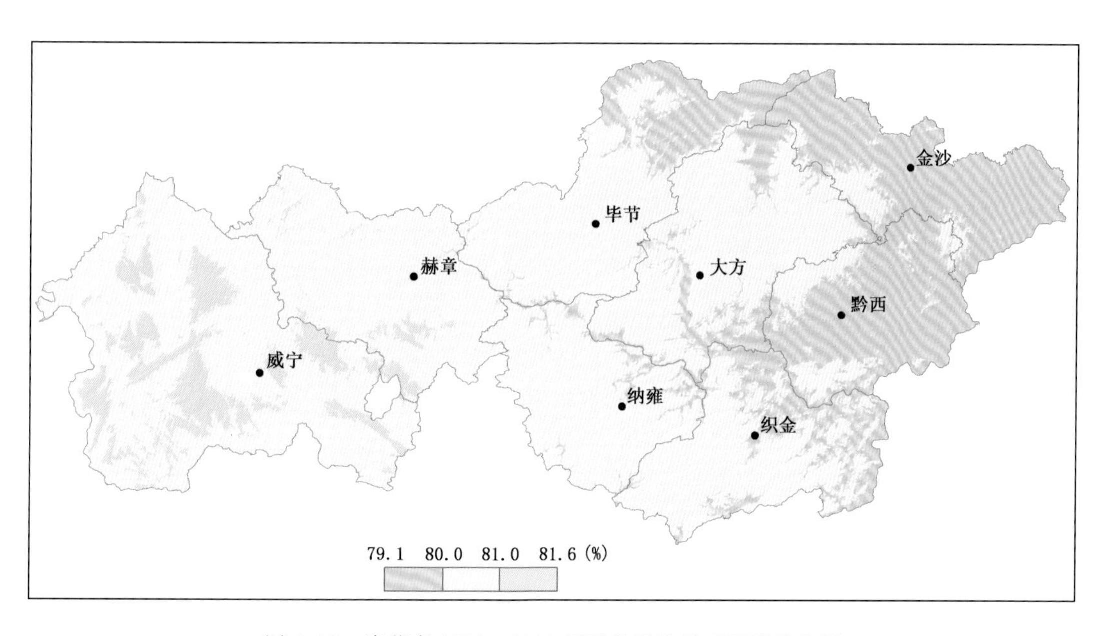

图 4.10 毕节市 1981—2010 年夏季平均相对湿度分布图

毕节市夏季气温条件舒适平和，降水丰沛，夏无酷暑，十分凉爽，非常适合避暑旅游项目活动的开展。丰沛的降水使境内水源得到有效补充，生物多样性特征显著，夏日处处生机盎然，人们可以在风景优美的自然环境中无限畅游。夜雨一方面增加了空气的湿润度，起到了降尘作用，使得空气的洁净度高，空气清新，提高了毕节市整个生态环境的舒适度，另一方面还不影响白天户外活动的开展。

4.2 清风徐徐，呼吸舒畅

毕节市夏季平均风速为 1.6 米/秒，其中 6 月平均风速为 1.6 米/秒、7 月平均风速为 1.7 米/秒、8 月平均风速为 1.5 米/秒。

空间分布上，毕节市夏季风速在 0.5～3.1 米/秒，从西部往东部逐渐减小(图 4.11)。毕节市通风散热条件良好，风力介于 1～2 级，属于轻软风，夏多凉风，温和的风使人精神焕发、心旷神怡。

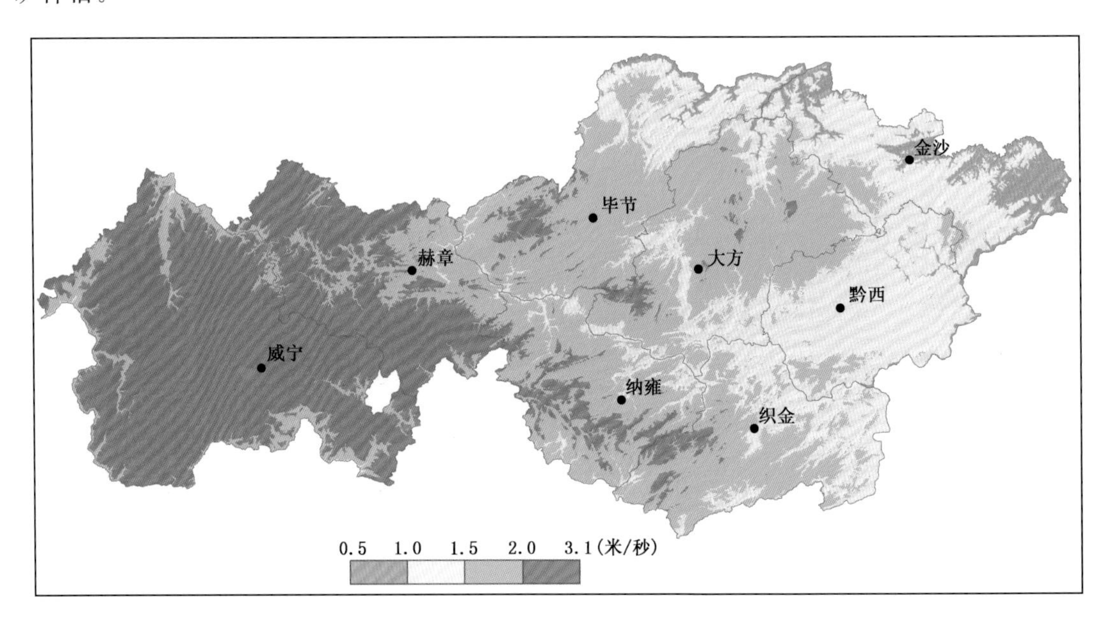

图 4.11 毕节市 1981—2010 年夏季平均风速分布图

毕节市属低纬高原山区，平均海拔 1600 米，呈西高东低之势。西部海拔大多在 2000～2900 米，中部海拔在 1500～2000 米，东部海拔主要处于 1500 米以下。据生理卫生实验研究，最适合人类生存的海拔高度是 500～2000 米，毕节市大部分景区海拔高度在该范围之内，属舒适范围，适宜所有年龄段旅游者。气压与海拔高度密切相关，毕节市适宜的海拔高度和气压，提高了人体的舒适感。

据医学实验研究，适合人类生存的大气压范围是 750.0～950.0 百帕。毕节市夏季平均气压为 847.5 百帕，大部分在 800.0～900.0 百帕，并呈现自东向西逐渐降低的空间分布特征(图 4.12)，其中 6 月平均气压为 847.3 百帕、7 月平均气压为 846.6 百帕、8 月平均气压为 848.7 百帕。毕节市夏季气压条件稳定，非常适宜避暑和旅游。

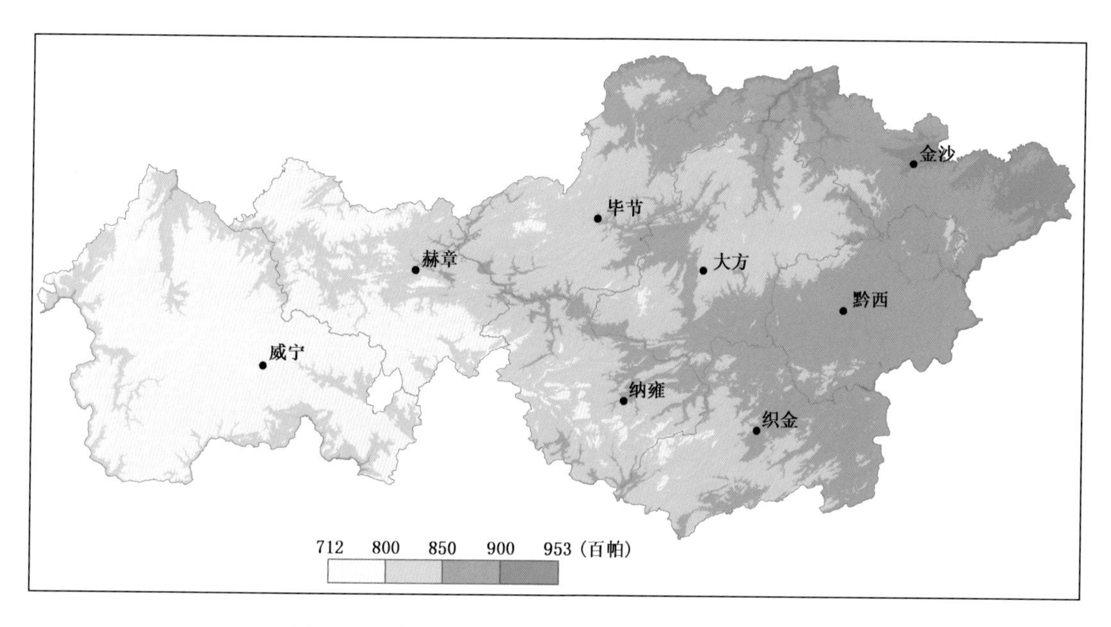

图 4.12 毕节市 1981—2010 年夏季平均气压分布图

4.3 日照温和,云霞绚丽

毕节市夏季平均日照时数呈自西向东逐渐增多的分布特征,大部在 400～460 小时(图 4.13)。夏季平均日照时数为 426.0 小时,其中 6 月 104.8 小时、7 月 156.5 小时、8 月 164.7 小时。

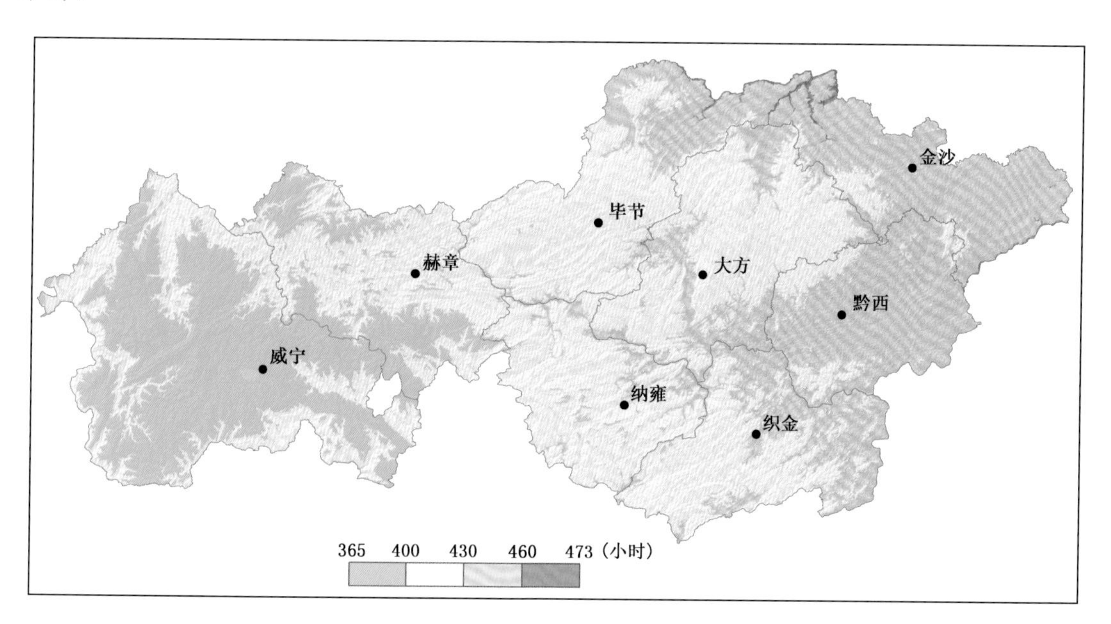

图 4.13 毕节市 1981—2010 年夏季平均日照时数分布图

毕节市夏季平均总云量在75%(金沙)～84%(威宁、纳雍),分布自东北向西南逐渐增多(图4.14)。夏季平均总云量为79%,其中6月为85%、7月为79%、8月为73%。

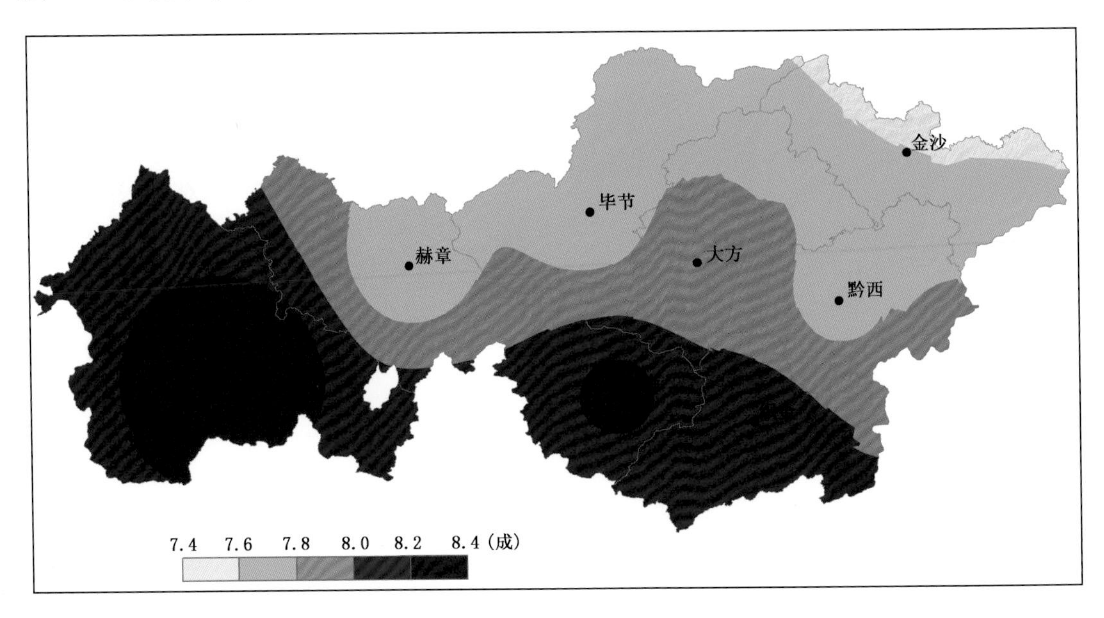

图4.14 毕节市1981—2010年夏季平均总云量分布

毕节市夏季水汽含量丰富,日照平和、阴晴间替,在阵雨或雷雨的午后或傍晚,降水降落到热的地面蒸发后,地面蒸发旺盛,大气中上升气流的作用较大,大气中水汽含量进一步增加,云状千变万化,西斜的太阳通过空气层的路程比较长,受到散射减弱得很厉害,减弱得最多的是紫色光,减弱得最少的是红色或橙色光,这些减弱后的彩色阳光,照射在天空中、云层上,能形成鲜艳夺目的彩霞(图4.15)。毕节市夏季平均总云量在8成左右,比较适中,既可阻挡强烈的紫外线,又有利于欣赏云雾美景。在毕节市晨间欣赏朝阳初露,云蒸霞蔚;午间云开雾散,极目远眺,一览众山小;傍晚日落晚余晖、长天霞光尽收眼底。

图 4.15 云霞景观(杨元德、王佳鑫摄,贵州省毕节市摄影家协会提供)

4.4 气候舒适,温润养人

每年5—9月是毕节市避暑旅游的最佳舒适期,在此期间的平均气温为19.6 ℃,适宜的气温极大地提高了人体的舒适感。研究表明,气候条件是影响旅游舒适度的重要因素。人体生理舒适感受自然界多种气候要素影响,最主要的有空气温度、空气相对湿度和风速(徐大海等,2000;余志康 等,2015)。另外,日照、紫外线和大气压等因素对人体舒适度也有影响。本节引用人体舒适度气象指数(BCMI)(胡桂萍 等,2015)、温湿指数(THI)(李忠燕 等,2018)、风寒指数(WCI)、着衣指数(ICL)、贵州省避暑旅游气候舒适度等指标综合分析及评价了毕节市各月及夏季的气温、湿度、风等气候条件对人体生理舒适感的影响,并与国内主要旅游城市进行对比,从而对毕节市生态旅游气候优势进行论证。

4.4.1 人体舒适度气象指数(BCMI)

毕节各月BCMI计算结果表明:毕节舒适期在4—10月,其中最佳舒适期在5—9月,舒适期连续长达7个月,最佳舒适期连续长达5个月;与国内14个主要旅游城市相比,与省内的凉都六盘水、避暑之都贵阳、安顺三地同为舒适期最长区域;尤其是夏季,与重庆、杭州、成都、桂林、武汉相比,优势明显,充分印证了毕节得天独厚的夏季避暑气候优势(表4.2)。

按国际上气候适宜区的分类标准(BCMI等级为4～6级的总天数大于165天的地区为一类气候适宜区,151～165天的地区为二类气候适宜区,少于151天的地区为三类气候适宜区),毕节4—10月BCMI等级介于4～6级,总天数达193天,属于一类气候适宜区。

表 4.2 各旅游城市 BCMI 指数等级比较

城市＼月份	1	2	3	4	5	6	7	8	9	10	11	12
毕节	2	3	3	4	5	5	5	5	5	4	3	3
丽江	3	3	3	3	4	4	5	4	4	4	3	3
哈尔滨	1	1	2	3	4	5	5	5	4	3	1	1
大连	2	2	2	3	4	5	5	5	5	4	3	2
长春	1	1	2	3	4	5	5	5	4	3	2	1
青岛	2	2	2	3	4	5	5	5	5	4	3	2
兰州	2	2	3	4	4	5	5	5	4	3	3	2
重庆	3	3	4	5	5	6	6	6	5	5	4	3
杭州	3	3	4	5	5	6	6	6	5	5	4	3
成都	3	3	3	4	5	5	6	6	5	4	4	3
桂林	3	3	4	5	5	6	6	6	5	5	4	3
武汉	2	3	3	4	5	6	7	6	5	5	3	3
六盘水	2	2	3	4	4	5	5	5	4	4	3	2
贵阳	2	3	3	4	5	5	5	5	5	4	3	3
安顺	2	3	3	4	5	5	5	5	5	4	3	3

注：蓝色区表示舒适期，绿色区表示最佳舒适期。

毕节市6月人体舒适度气象指数自西向东呈现由偏凉向最为舒适过渡的分布特征（图4.16）；西部高海拔地区（威宁、赫章）为偏凉等级，其余地区为最为舒适等级。

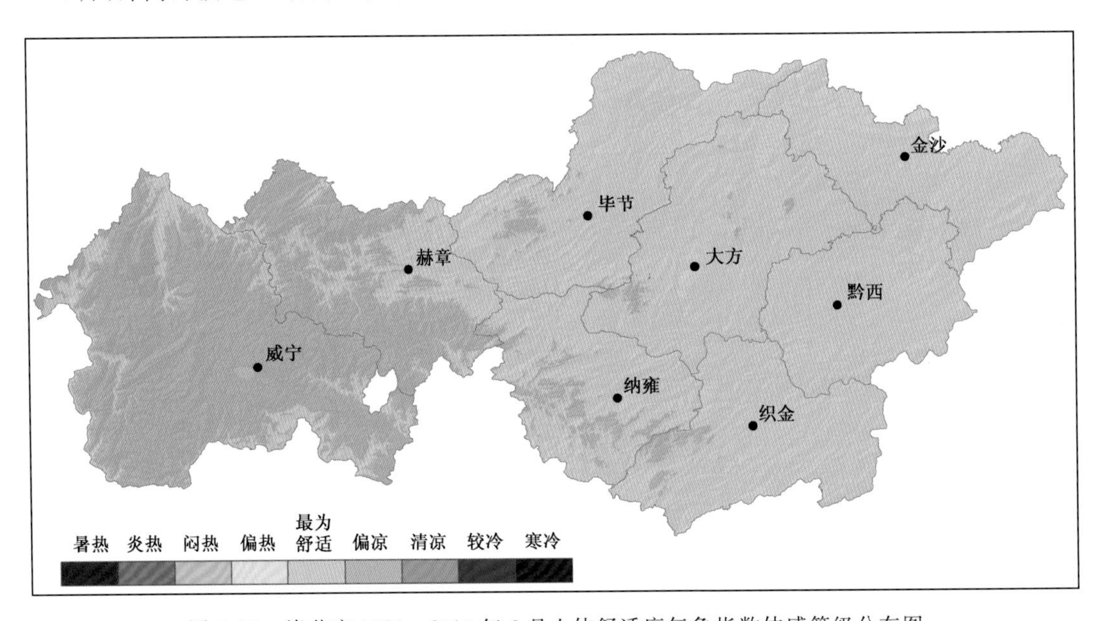

图4.16 毕节市1981—2010年6月人体舒适度气象指数体感等级分布图

毕节市7月人体舒适度气象指数自西向东呈现由偏凉向偏热过渡的分布特征（图4.17）；西部高海拔地区（威宁）为偏凉等级，东部海拔较低区域及北部边缘河谷地带（金沙）为偏热等级，其余地区为最为舒适等级。

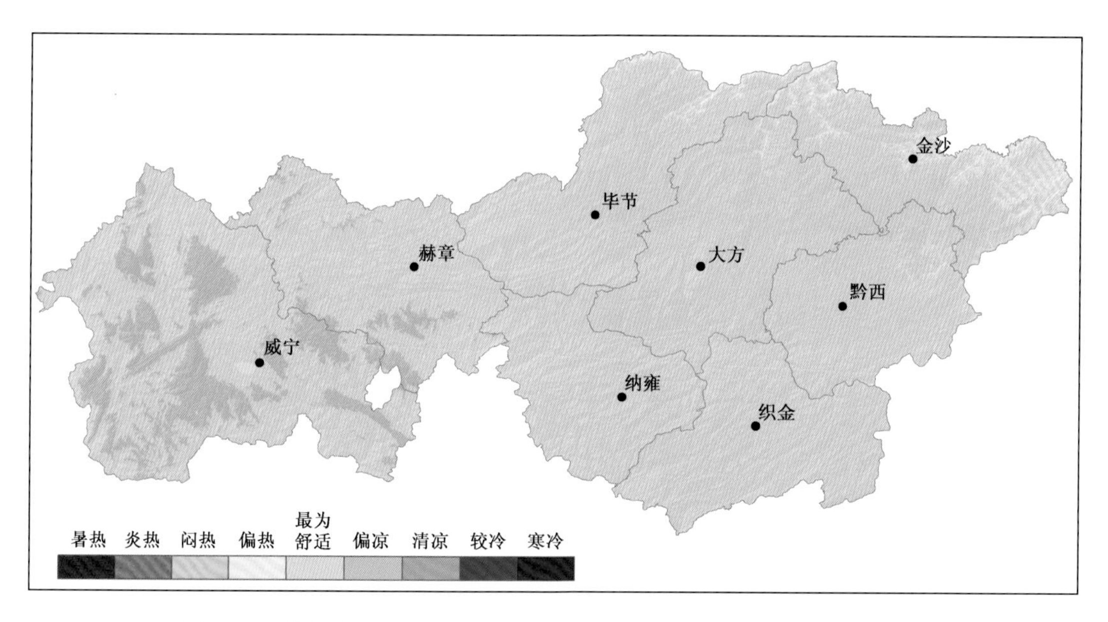

图 4.17 毕节市 1981—2010 年 7 月人体舒适度气象指数体感等级分布图

毕节市 8 月人体舒适度气象指数自西向东呈现由偏凉向偏热过渡的分布特征(图 4.18);西部高海拔地区(威宁)为偏凉等级,东部海拔较低区域及北部边缘河谷地带(金沙)为偏热等级,其余地区为最为舒适等级。

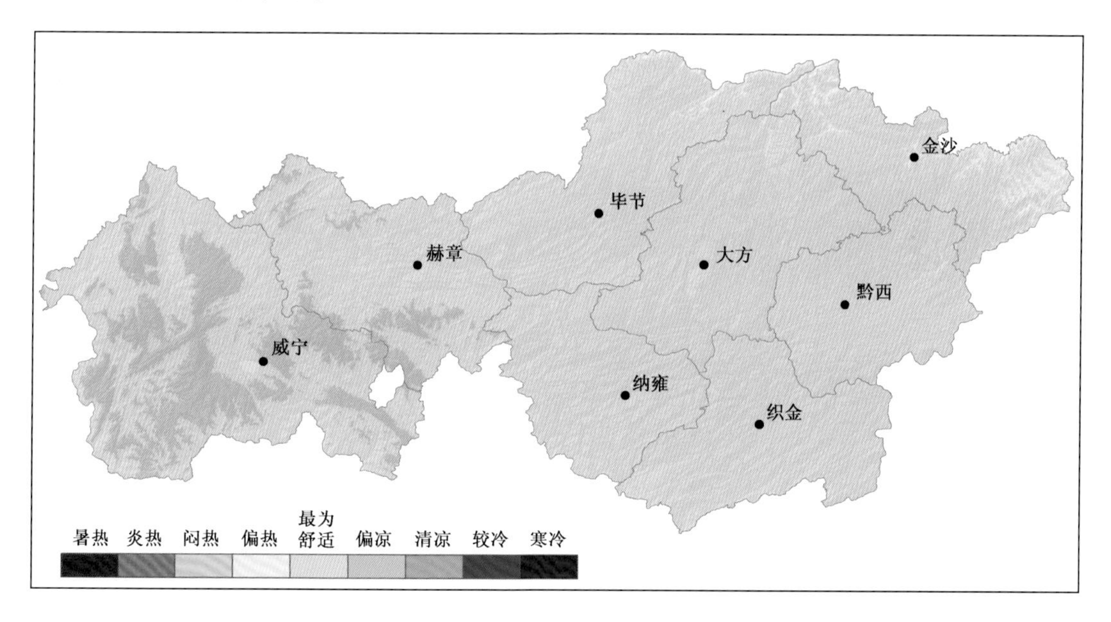

图 4.18 毕节市 1981—2010 年 8 月人体舒适度气象指数体感等级分布图

4.4.2 温湿指数(THI)

毕节各月 THI 计算结果表明:毕节舒适期在 4—10 月,舒适期连续长达 7 个月之久,其中最佳舒适期在 5 月和 9 月;与国内 14 个主要旅游城市相比,与丽江、六盘水两地同为舒适期最长区域，尤其是夏季，与杭州、重庆、成都等城市相比，优势表现突出，就是在贵州省内也属于舒适度最佳区域(表 4.3)。

表 4.3　各旅游城市 THI 指数舒适期分布

城市＼月份	1	2	3	4	5	6	7	8	9	10	11	12
毕节	38	41	48	56	62	66	69	68	63	56	49	41
丽江	47	49	52	56	60	64	63	62	60	56	50	47
哈尔滨	9	18	34	49	58	67	71	69	59	46	30	15
大连	33	36	43	52	60	67	73	74	67	57	46	37
长春	15	24	36	50	59	67	71	69	60	48	32	19
青岛	37	39	45	53	61	67	74	75	69	61	50	41
兰州	32	39	47	55	61	66	69	67	61	51	42	34
重庆	47	50	56	64	70	74	79	79	73	64	57	49
杭州	42	45	51	60	68	74	80	79	73	64	55	46
成都	43	46	52	60	67	72	75	74	69	61	54	45
桂林	48	50	56	65	72	77	79	79	74	67	59	52
武汉	41	45	52	62	70	76	80	79	72	63	54	45
六盘水	39	42	49	56	61	64	66	66	61	55	49	42
贵阳	42	45	51	59	65	69	72	71	67	60	53	46
安顺	41	44	51	58	64	67	70	69	65	58	52	45

注：绿色区表示舒适期，红色标记栏为最佳舒适期。

毕节市 6 月温湿指数自西向东呈现由清凉向偏热过渡的分布特征(图 4.19)；西部高海拔地区(威宁、赫章)为凉—清凉等级，东部海拔较低区域及北部边缘河谷地带(金沙)为暖—偏热等级，其余地区为凉—暖等级。

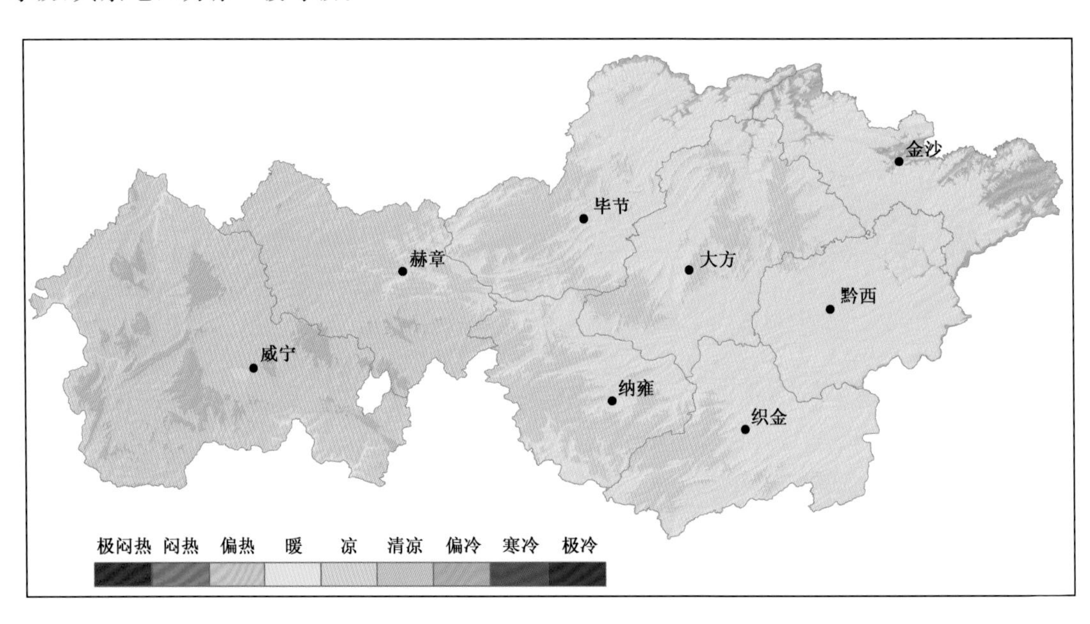

图 4.19　毕节市 1981—2010 年 6 月温湿指数体感等级分布图

毕节市7月温湿指数自西向东呈现由凉向偏热过渡的分布特征(图4.20);西部高海拔地区(威宁)为凉等级,东部海拔较低区域及北部边缘河谷地带(金沙、织金)为偏热等级,其余地区为暖等级。

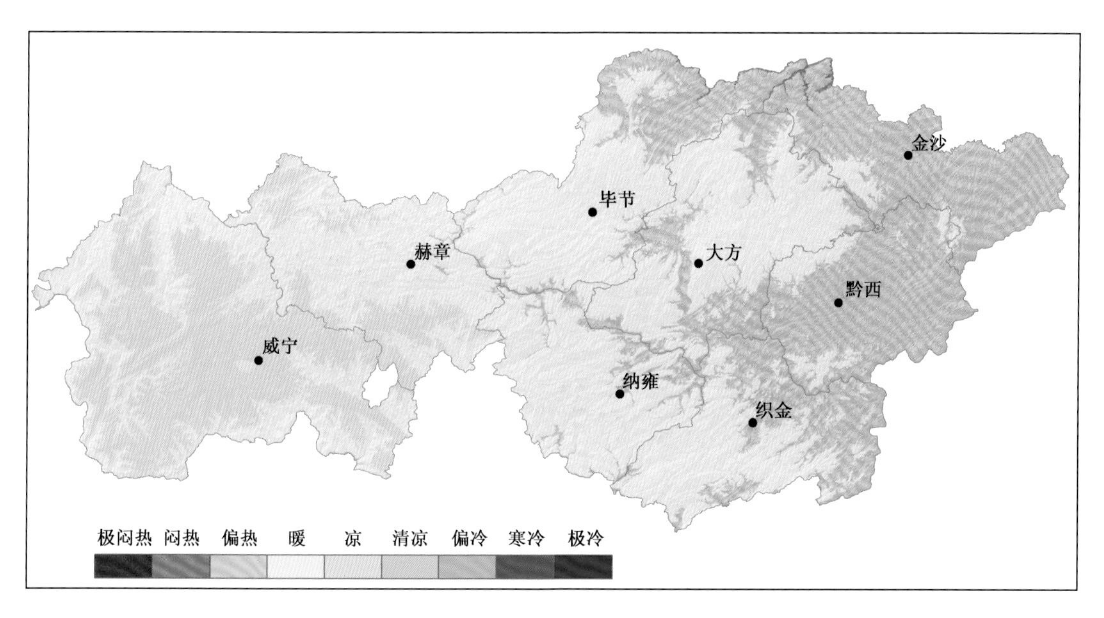

图4.20 毕节市1981—2010年7月温湿指数体感等级分布图

毕节市8月温湿指数与7月相当,自西向东呈现由凉向偏热过渡的分布特征(图4.21);西部高海拔地区(威宁)为凉等级,东部海拔较低区域及北部边缘河谷地带(金沙、织金)为偏热等级,其余地区为暖等级。

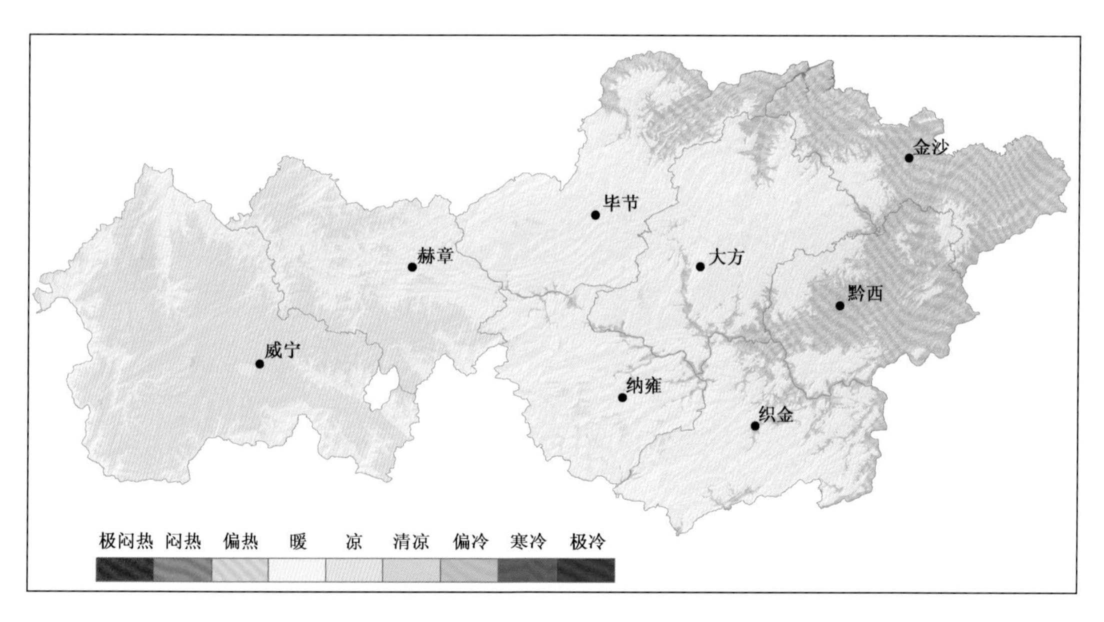

图4.21 毕节市1981—2010年8月温湿指数体感等级分布图

4.4.3 风寒指数(WCI)

毕节各月 WCI 计算结果表明:毕节舒适期在 5—9 月,连续长达 5 个月之久;与国内 14 个主要旅游城市相比,毕节为舒适度最佳区域,排名第一,是国内夏季首屈一指的避暑区域;与南方夏季气候条件较好的热点旅游城市丽江、桂林相比,优势突出;也优于北方热点旅游城市哈尔滨、长春、青岛(表 4.4)。

表 4.4 各旅游城市 WCI 指数舒适期分布

城市 \ 月份	1	2	3	4	5	6	7	8	9	10	11	12
毕节	−478	−458	−420	−352	−281	−225	−200	−203	−250	−311	−393	−448
丽江	−693	−675	−608	−520	−407	−342	−332	−340	−380	−453	−563	−648
哈尔滨	−1165	−1068	−891	−646	−446	−292	−233	−263	−419	−642	−928	−1095
大连	−992	−935	−802	−618	−448	−323	−241	−218	−316	−503	−735	−913
长春	−1167	−1070	−906	−661	−451	−296	−235	−257	−410	−642	−929	−1099
青岛	−920	−867	−766	−614	−457	−342	−230	−202	−291	−446	−660	−850
兰州	−556	−552	−502	−396	−301	−229	−188	−207	−275	−356	−443	−525
重庆	−475	−452	−391	−296	−212	−157	−95	−95	−176	−270	−354	−441
杭州	−630	−595	−516	−379	−261	−183	−91	−107	−201	−307	−435	−566
成都	−500	−473	−421	−326	−239	−186	−152	−163	−221	−297	−377	−460
桂林	−608	−565	−461	−315	−211	−139	−98	−102	−172	−288	−410	−536
武汉	−567	−523	−454	−318	−213	−138	−79	−95	−182	−285	−401	−514
六盘水	−642	−611	−531	−431	−354	−306	−277	−275	−329	−410	−506	−601
贵阳	−639	−609	−517	−399	−309	−248	−214	−213	−277	−380	−474	−583
安顺	−667	−635	−544	−427	−341	−283	−258	−250	−310	−409	−506	−614

注:绿色区表示最佳舒适期。

毕节市 6 月风寒指数自西向东呈现由凉风向暖风过渡的分布特征(图 4.22);西部高海拔地区(威宁、赫章)为凉风等级,东部海拔较低区域及北部边缘河谷地带(金沙)为暖风等级,其余地区为舒适风等级。

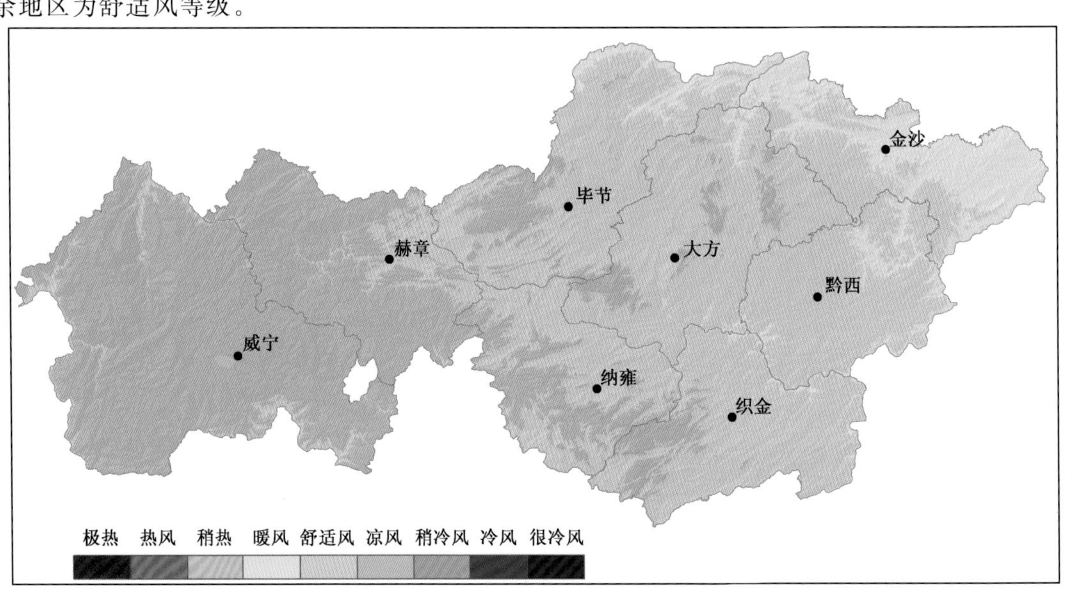

图 4.22 毕节市 1981—2010 年 6 月风寒指数体感等级分布图

毕节市7月风寒指数自西向东呈现由凉风向暖风过渡的分布特征(图4.23);西部高海拔地区(威宁、赫章)为凉风等级,东部海拔较低区域及北部边缘河谷地带(金沙、黔西)为暖风等级,其余地区为舒适风等级。

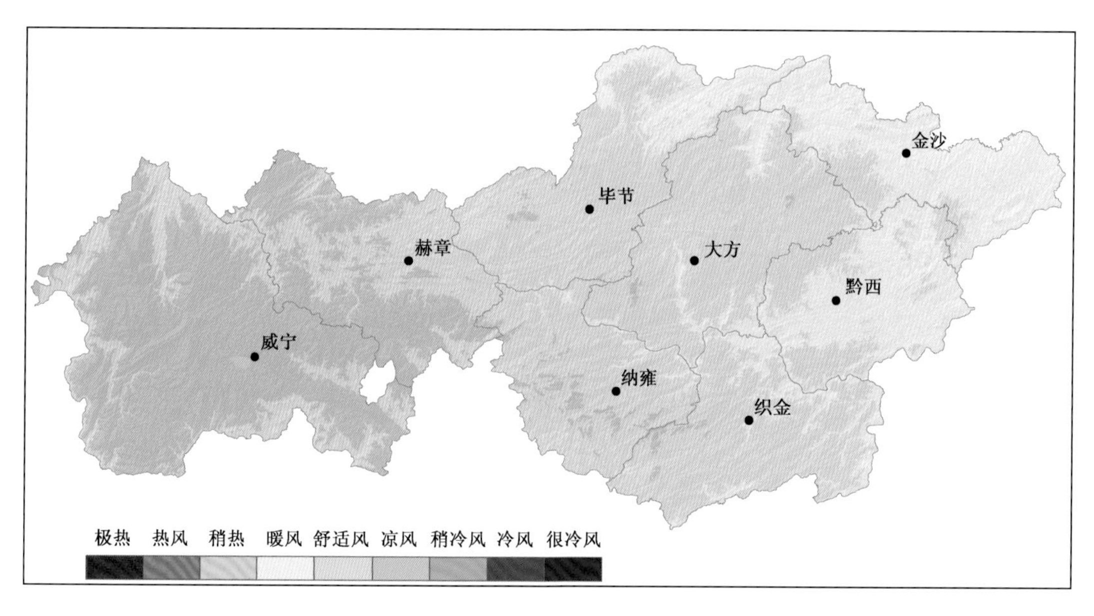

图4.23　毕节市1981—2010年7月风寒指数体感等级分布图

毕节市8月风寒指数与7月相当,自西向东呈现由凉风向暖风过渡的分布特征(图4.24);西部高海拔地区(威宁、赫章)为凉风等级,东部海拔较低区域及北部边缘河谷地带(金沙、黔西)为暖风等级,其余地区为舒适风等级。

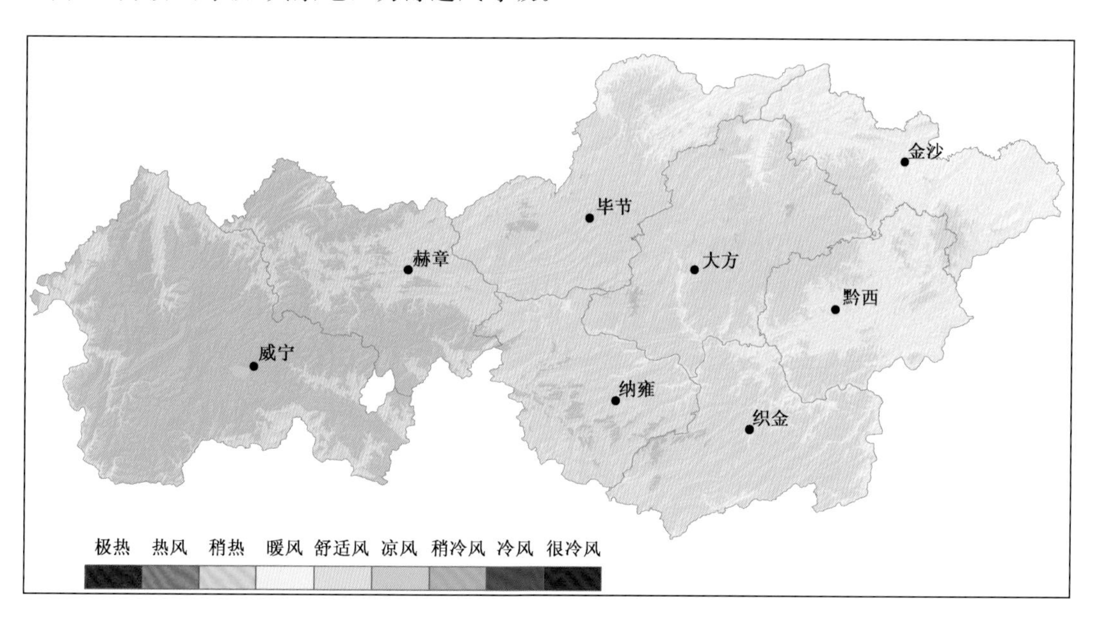

图4.24　毕节市1981—2010年8月风寒指数体感等级分布图

4.4.4 着衣指数(ICL)

毕节各月 ICL 计算结果表明:毕节舒适期在 4—10 月,舒适期连续长达 7 个月之久;与国内 14 个主要旅游城市相比,与“中国避暑之都·贵阳”相当,同为舒适度最佳区域,夏季避暑优势明显(表 4.5)。

表 4.5 各旅游城市 ICL 指数舒适期分布

城市 \ 月份	1	2	3	4	5	6	7	8	9	10	11	12
毕节	2.0	1.9	1.6	1.3	1.0	0.9	0.8	0.8	0.8	1.0	1.5	1.9
丽江	2.0	1.9	1.7	1.5	1.3	1.1	1.1	1.2	1.3	1.5	1.8	2.0
哈尔滨	3.8	3.4	2.7	1.9	1.4	0.9	0.8	0.9	1.4	2.0	2.9	3.5
大连	2.7	2.6	2.2	1.7	1.3	1.0	0.7	0.7	1.0	1.4	2.0	2.5
长春	3.5	3.2	2.6	1.8	1.3	0.9	0.8	0.9	1.3	1.9	2.7	3.3
青岛	2.5	2.4	2.0	1.6	1.2	0.9	0.7	0.6	0.8	1.2	1.8	2.3
兰州	2.0	2.1	2.0	1.5	1.2	0.9	0.7	0.8	1.2	1.6	2.1	1.8
重庆	1.8	1.8	1.4	1.1	0.8	0.6	0.4	0.4	0.7	1.1	1.4	1.7
杭州	2.1	2.0	1.7	1.2	0.9	0.6	0.3	0.4	0.7	1.1	1.5	2.0
成都	2.0	1.9	1.6	1.2	0.9	0.7	0.6	0.6	0.9	1.2	1.5	1.9
桂林	1.8	1.7	1.5	1.1	0.7	0.5	0.4	0.4	0.6	0.9	1.3	1.7
武汉	2.2	2.0	1.6	1.2	0.8	0.5	0.3	0.4	0.7	1.1	1.6	2.0
六盘水	2.2	2.1	1.8	1.5	1.3	1.1	1.0	1.0	1.2	1.5	1.8	2.1
贵阳	2.1	2.0	1.7	1.3	1.0	0.9	0.7	0.7	1.0	1.3	1.6	1.9
安顺	2.1	2.0	1.7	1.4	1.1	1.0	0.9	0.9	1.1	1.4	1.7	2.0

注:绿色区表示最佳舒适期。

毕节市 6 月着衣指数自西向东呈现由春秋季便服向轻便夏装过渡的分布特征(图 4.25);西部高海拔地区(威宁)为春秋季便服等级,东部海拔较低区域及北部边缘河谷地带(金沙)为轻便夏装等级,其余地区为衬衫+便服等级。

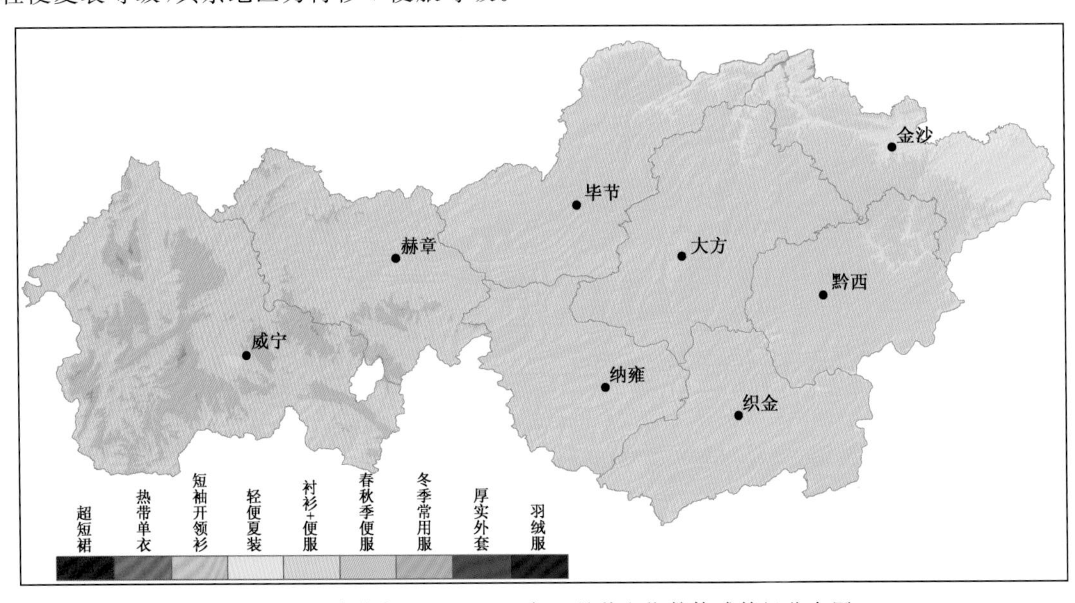

图 4.25 毕节市 1981—2010 年 6 月着衣指数体感等级分布图

毕节市7月着衣指数自西向东呈现由春秋季便服向短袖开领衫过渡的分布特征(图4.26);西部高海拔地区(威宁)为春秋季便服—衬衫+便服等级,东部海拔较低区域及北部边缘河谷地带(金沙、黔西)为轻便夏装—短袖开领衫等级,其余地区为衬衫+便服等级。

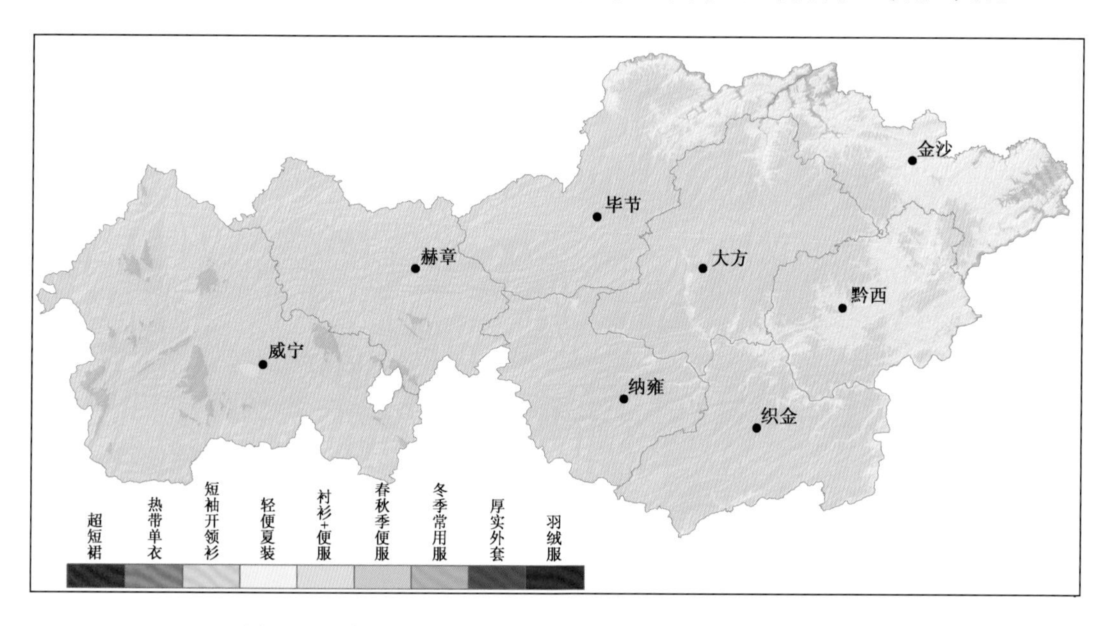

图4.26 毕节市1981—2010年7月着衣指数体感等级分布图

毕节市8月着衣指数与7月相当,自西向东呈现由春秋季便服向短袖开领衫过渡的分布特征(图4.27);西部高海拔地区(威宁)为春秋季便服—衬衫+便服等级,东部海拔较低区域及北部边缘河谷地带(金沙、黔西)为轻便夏装—短袖开领衫等级,其余地区为衬衫+便服等级。

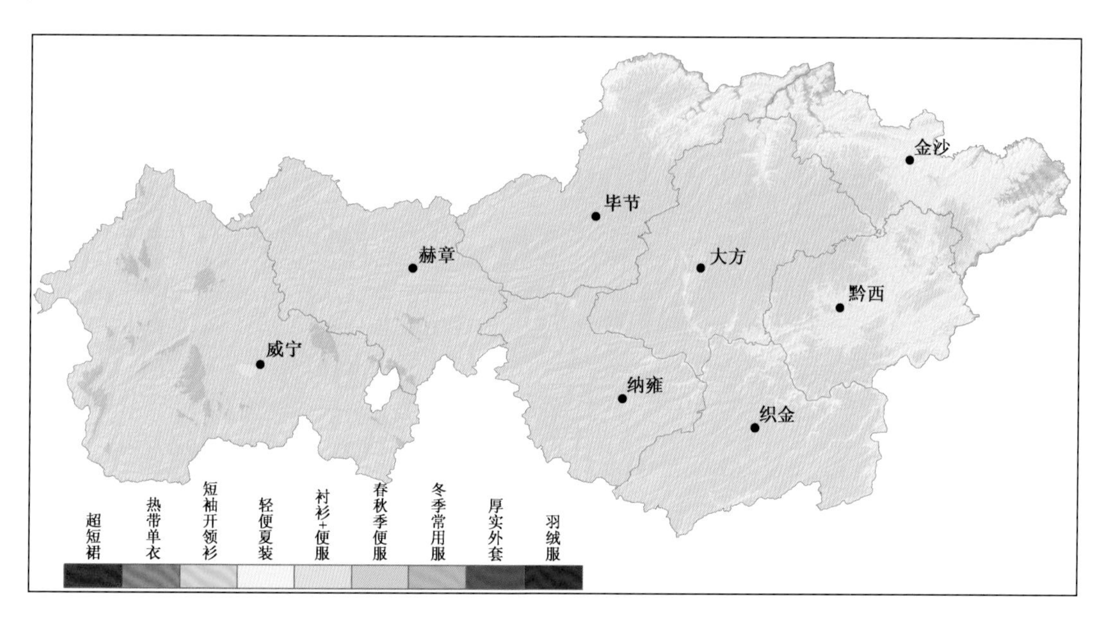

图4.27 毕节市1981—2010年8月着衣指数体感等级分布图

4.4.5 旅游城市综合舒适期

综合考虑湿度、温度、风速、太阳辐射和人体代谢对体感的影响，把温湿指数、风寒指数、着衣指数这三种指数综合起来，并利用加权模型重新构建一种综合性强的气候舒适度指数，以此用作评价旅游城市综合舒适期的评价标准（马丽君 等，2009）。计算结果表明：毕节舒适期在3—11月，舒适期连续长达9个月之久；与国内14个主要旅游城市相比，与丽江、重庆、贵阳、安顺四个城市，同为舒适期长度最多区域，毕节全年舒适期达285天，占全年总日数的78%，比哈尔滨高出百天以上，且夏季舒适期远远高于重庆（表4.6）。

表4.6 各旅游城市综合舒适期（较舒适以上天数）（天）

城市＼月份	1	2	3	4	5	6	7	8	9	10	11	12	全年合计
毕节	6	10	21	29	31	30	31	31	30	31	24	11	285
丽江	5	11	24	29	31	30	31	31	30	30	23	9	284
哈尔滨	0	0	1	13	29	29	27	29	29	13	0	0	170
大连	0	0	2	20	31	30	26	23	30	28	10	1	201
长春	0	0	1	15	30	30	27	28	29	15	1	0	176
青岛	0	0	5	25	31	30	22	17	29	30	17	2	208
兰州	0	4	20	29	31	30	30	30	30	29	10	0	243
重庆	23	25	30	29	26	14	3	5	20	30	30	27	262
杭州	16	17	27	28	22	7	1	2	14	29	29	24	216
成都	11	18	29	30	30	23	12	16	28	31	29	19	276
桂林	16	17	27	28	22	7	1	2	14	29	29	24	216
武汉	7	15	25	29	25	11	2	4	21	30	27	16	212
六盘水	5	10	19	28	30	30	31	31	29	30	22	8	273
贵阳	9	12	22	29	31	29	27	27	30	31	26	16	289
安顺	7	10	20	29	31	30	31	31	30	31	25	13	288

注：绿色区表示较舒适以上天数≥20天。

毕节市年平均舒适天数为240～305天，西部（威宁、赫章）为240～270天，东北部边缘及北部边缘河谷地带（金沙）为290～305天，其余地区为270～290天（图4.28）。

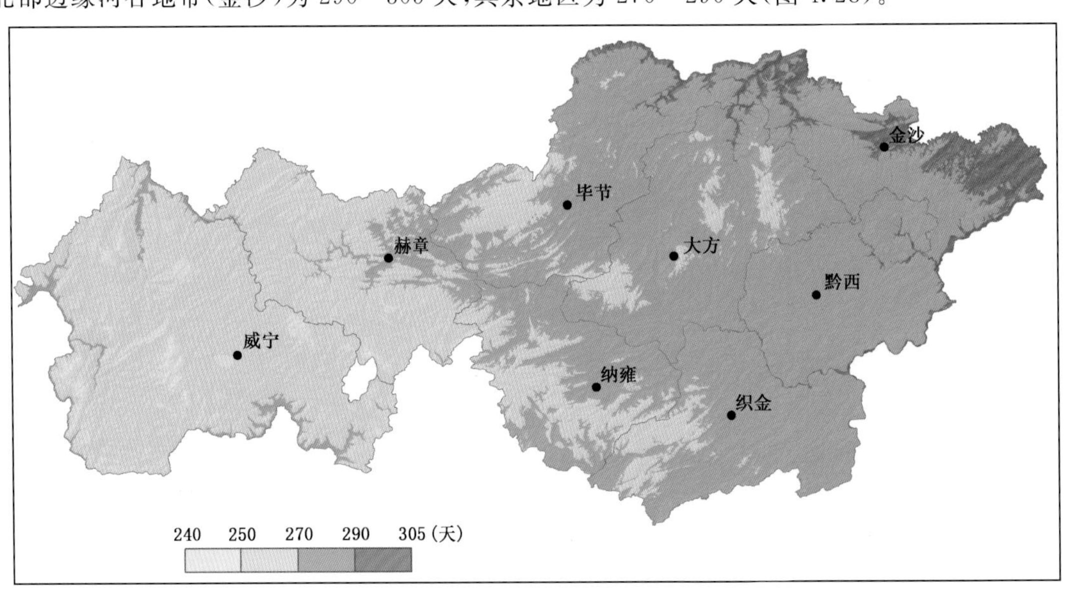

图4.28 毕节市1981—2010年年平均舒适天数分布图

毕节市夏季平均舒适天数为68～92天，西部略多东部略少；西部（威宁、赫章）为90～92天，东部（金沙、黔西、织金）为68～80天，其余地区为80～90天（图4.29）。

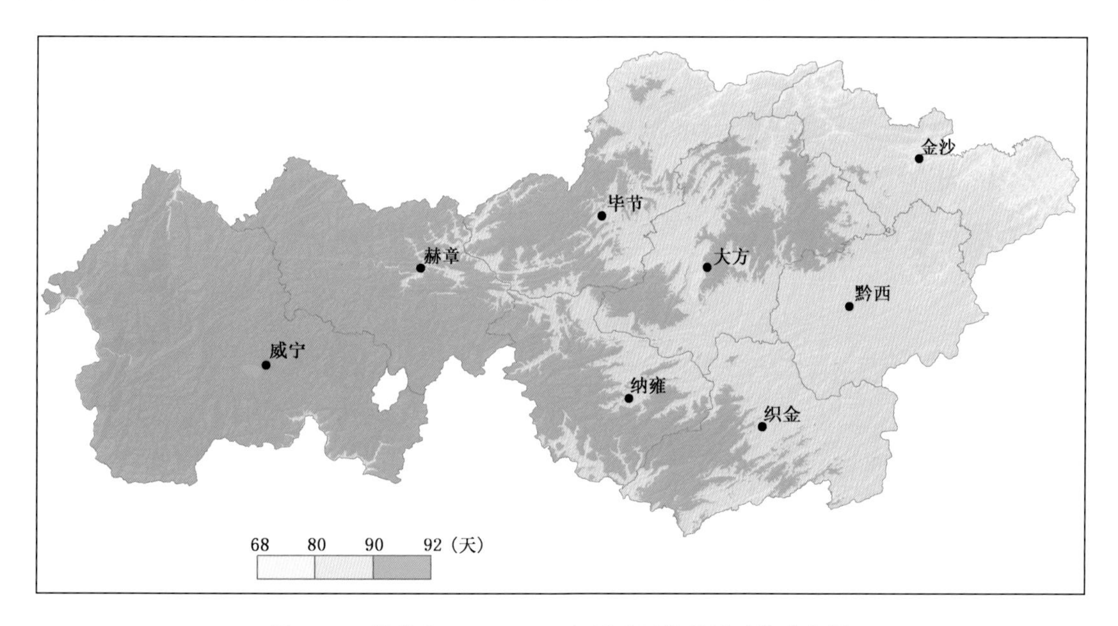

图4.29　毕节市1981—2010年夏季平均舒适天数分布图

毕节综合不适期主要在冬季（12月至翌年2月）和3月，全年合计14天；与国内14个主要旅游城市相比，略多于丽江、成都、桂林三个城市，属于全年不适期偏少的较优城市（表4.7）。

表4.7　各旅游城市综合不适期（天）

城市＼月份	1	2	3	4	5	6	7	8	9	10	11	12	全年合计
毕节	7	4	1	0	0	0	0	0	0	0	0	2	14
丽江	0	0	0	0	0	0	0	0	0	0	0	1	1
哈尔滨	31	28	23	3	0	0	0	0	0	5	26	31	147
大连	28	22	8	0	0	0	0	0	0	0	5	20	83
长春	31	27	20	2	0	0	0	0	0	4	23	31	138
青岛	23	15	4	0	0	0	0	0	0	0	2	14	58
兰州	22	12	2	0	0	0	0	0	0	0	4	23	63
重庆	0	0	0	0	0	1	7	8	1	0	0	0	17
杭州	7	4	1	0	0	1	9	4	1	0	0	2	29
成都	2	1	0	0	0	0	0	0	0	0	0	1	4
桂林	2	1	0	0	0	0	3	3	0	0	0	1	10
武汉	7	3	1	0	0	2	10	7	1	0	0	3	34
六盘水	15	11	4	0	0	0	0	0	0	0	1	9	40
贵阳	12	8	2	0	0	0	0	0	0	0	0	4	26
安顺	13	9	2	0	0	0	0	0	0	0	0	6	30

注：绿色区表示不适期天数>0天。

近58年（1961—2018年）毕节综合舒适期呈显著增多趋势，线性增幅为5.8天/10年，最多年305天（2018年），最少年227天（1996年）；毕节综合不舒适期呈减少趋势，线性减幅为

3.9 天/10 年，最多年 73 天(2011 年)，最少年 19 天(2010 年和 2015 年)(图 4.30)。

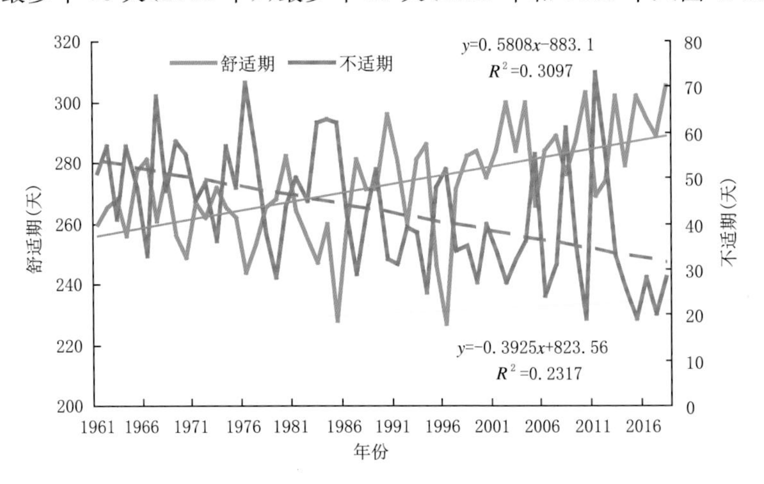

图 4.30 毕节 1961—2018 年综合舒适期与不适期时间序列变化

城市综合舒适期长短与海拔高度和纬度有一定的关系(图 4.31)，在海拔 500 米以下及海拔 1500 米左右的区域均出现了综合舒适期较长的集中点；纬度在 25°N～30°N 也是综合舒适期较长的集中区域；毕节的海拔高度约为 1600 米，纬度位于 27.3°N 左右，正好位于城市综合舒适期较长的区域，符合地理学气候特征。

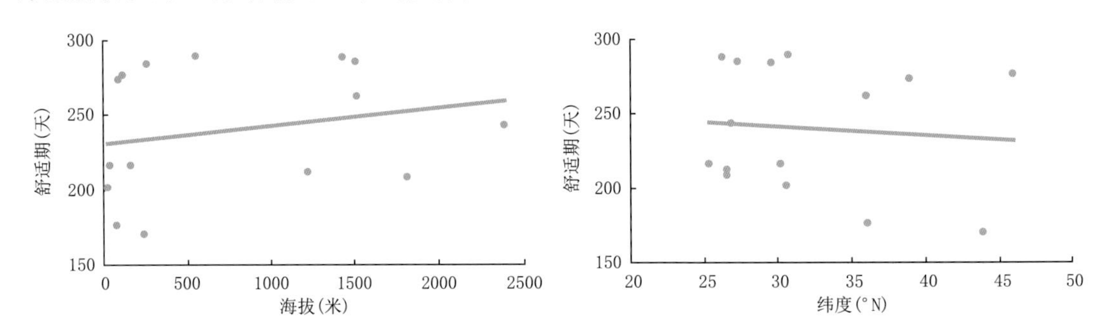

图 4.31 各旅游城市 1961—2018 年年均综合舒适期与纬度、海拔高度的关系

4.4.6 贵州省避暑旅游气候舒适度指标

在国内外大量研究成果、专家咨询、调研考察的基础上，结合贵州省自身气候特点及人们在贵州夏季避暑的切身感受，贵州省气象局制定了贵州省避暑旅游气候舒适度指标(该指标已获 2019 年贵州省地方标准立项)，该指标与现有国家标准的不同之处在于，该指标除了考虑了温度、湿度和风速等因子外，还考虑了日照、云量、夜雨、白天降水、日较差、空气质量、植被指数等因子，能够凸显这些因子在避暑旅游中的影响，计算结果更符合贵州省的实际分布情况。

毕节市夏季平均气温 20.9℃，降水量 526.6 毫米，夜雨量占比 60%，夜雨日数占比 77%，平均相对湿度 80%，日照时数 426.0 小时，平均气压 847.5 百帕，平均风速 1.6 米/秒。避暑旅游气候舒适区占全市面积的 98.3%，较舒适区占 1.6%，一般区仅占 0.1%，气候条件很适宜避暑旅游(图 4.32)。

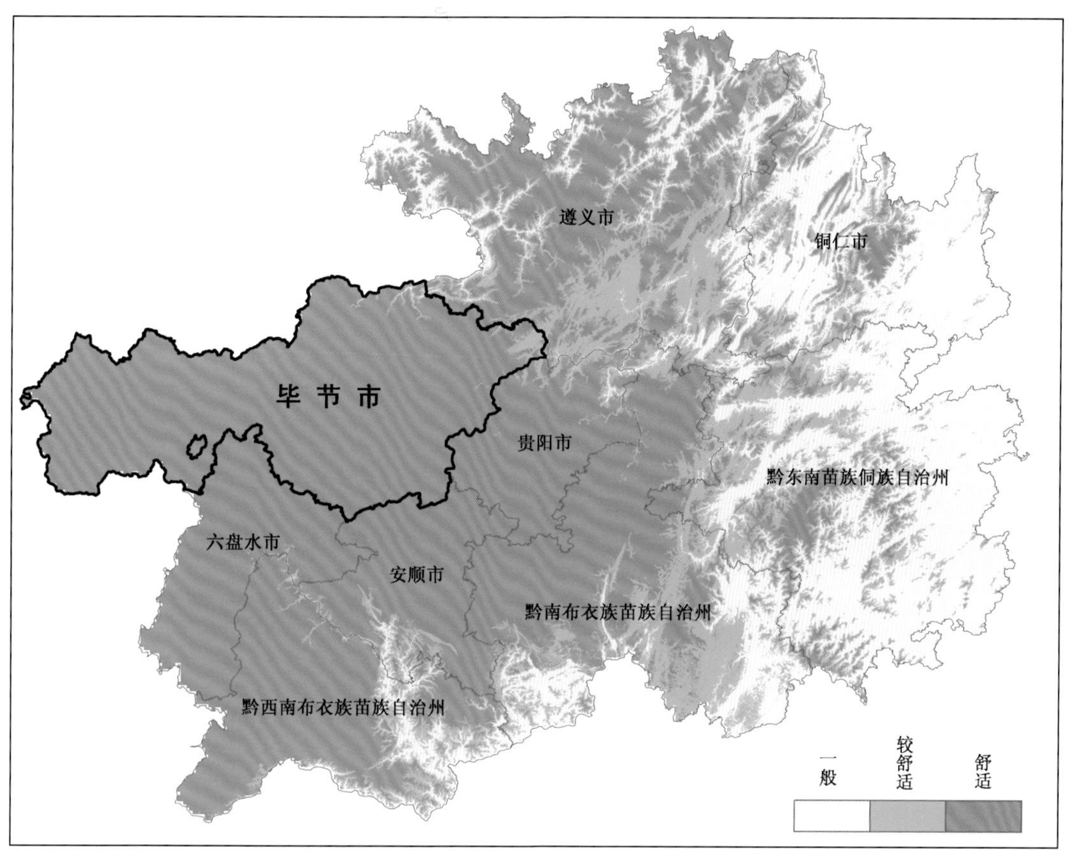

图 4.32 贵州省夏季避暑旅游气候舒适度分布图

与国内 14 个主要旅游城市相比，毕节与哈尔滨、大连、贵阳等 9 个城市 6—8 月均为舒适等级，避暑气候条件好于丽江、成都、重庆等 6 个城市，适合避暑旅游(表 4.8)。

表 4.8 毕节和国内旅游城市夏季避暑旅游气候舒适度

城市＼月份	6	7	8	夏季
毕节	舒适	舒适	舒适	舒适
丽江	较舒适	较舒适	较舒适	较舒适
哈尔滨	舒适	舒适	舒适	舒适
大连	舒适	舒适	舒适	舒适
长春	舒适	舒适	舒适	舒适
青岛	舒适	舒适	舒适	舒适
兰州	舒适	舒适	舒适	舒适
重庆	较舒适	一般	一般	一般
杭州	较舒适	一般	一般	一般
成都	舒适	一般	较舒适	较舒适
桂林	一般	一般	一般	一般
武汉	一般	一般	一般	一般
六盘水	舒适	舒适	舒适	舒适
贵阳	舒适	舒适	舒适	舒适
安顺	舒适	舒适	舒适	舒适

第5章

旅游胜地

毕节市是古夜郎政治经济文化中心之一，中国南方古人类文化发祥地。毕节市风光景色旖旎，被誉为“洞天湖地、花海鹤乡、避暑天堂”，境内旅游资源丰富，山清水秀，景色迷人，冬无严寒，夏无酷暑。毕节市有世界地质公园1处，国家AAAAA级旅游景区1个，AAAA级旅游景区6个，国家级风景名胜区2个，国家森林公园5个，国家级非物质文化遗产7个，国家重点文物保护单位8处，国家自然保护区1处（表5.1），是山水画廊、名洞之乡、花的世界、鸟的乐园、避暑天堂。地球彩带、世界花园百里杜鹃，飘芳竞艳，灿若织锦；中国最美旅游洞穴织金洞，气势恢宏，景色神秘；贵州旅游皇冠上的蓝宝石、高原明珠草海，碧波荡漾，珍禽云集；中国岩溶百科全书九洞天，洞中有洞，天外有天；中国最美喀斯特湖泊乌江源三大连湖东风湖、索风湖、支嘎阿鲁湖，秀胜漓江，雄冠三峡；中国十大避暑名山贵州屋脊韭菜坪，云雾袅绕，神秘清凉……

毕节市人文荟萃，风情浓郁。黔西观音洞古人类遗址、可乐古夜郎遗址、奢香博物馆、织金古建筑群、中华苏维埃人民共和国川滇黔省革命委员会旧址等国家重点文物保护单位，展示了古人类的遗迹，夜郎的神秘，水西的辉煌和红色印记。毕节市是一个多民族聚居地区，有1个民族自治县、77个民族乡，第六次全国人口普查查清了56个民族中共有46个民族分布在毕节市，另外还有穿青人、蔡家人、僅家人、龙家人等未定族称人们共同体。民族风情也是毕节市的旅游资源之一。

表5.1　毕节市旅游资源统计表

类型	序号	旅游资源
世界地质公园	1	织金洞
国家5A级旅游景区	1	百里杜鹃
国家4A级旅游景区	1	织金洞
	2	草海
	3	慕俄格古城
	4	韭菜坪
	5	毕节国家森林公园
	6	奢香古镇

续表

类型	序号	旅游资源
国家级风景名胜区	1	织金洞
	2	九洞天
国家森林公园	1	毕节国家森林公园
	2	百里杜鹃国家森林公园
	3	赫章夜郎国家森林公园
	4	贵州油杉河大峡谷国家森林公园
	5	金沙冷水河国家森林公园
国家级非物质文化遗产	1	苗族芦笙舞(滚山珠)
	2	彝族铃铛舞
	3	苗族服饰
	4	彝族火把节
	5	彝族漆器髹饰技艺
	6	彝族撮泰吉
	7	傩戏(庆坛)
国家重点文物保护单位	1	毕节大屯土司庄园
	2	大方奢香墓
	3	黔西观音洞文化遗址
	4	赫章可乐遗址
	5	川滇黔省革命委员会旧址(毕节川滇黔省革命委员会旧址、红六军团政治部旧址、毕节"贵州抗日救国军司令部旧址"、大方川滇黔省革命委员会旧址)
	6	织金古建筑群(织金东山、织金黑神庙、织金文昌阁、织金保安寺、织金财神庙、织金斗姆阁、织金玉皇阁、织金月华桥、织金回龙庵、织金炎帝庙、织金太平桥、织金日升桥、织金童生桥、织金小街龙王庙、织金仲机桥、织金南门塔、织金南塔、织金白衣庵、织金兴隆桥、织金隆兴寺、织金紫竹庵、织金寿佛寺、织金回龙桥、织金杨泗将军庙、织金文庙)
	7	金沙敖氏和罗氏墓群石刻
	8	茶马古道(贵州段)
国家自然保护区	1	贵州草海国家级自然保护区

5.1 花海秘境

天地有大美而不言,毕节拥花海而烂漫。在毕节市,最让人心旷神怡、心旌荡漾的是漫山遍野多姿多彩、美轮美奂的花海。这些种类繁多、集中连片的花海,把雄浑的乌蒙山都涂抹出了妩媚阴柔的另一面,展现着毕节市这片神奇热土的浪漫婉约、风情万种。毕节市境内地势落差大，群山耸立、沟壑纵横，拥有着贵州高原不多见的高山台地缓坡草甸。因地处高海拔、低纬度地区，毕节市冬无严寒、夏无酷暑、四季分明、雨水丰沛、日照充足，众多花卉竞相开放。崎岖地势造成复杂多样的气候特征，因而种类繁多的花卉均可在此找到适宜生存的栖身之地，并扎根于此、生生不息，孕育、衍生了毕节市特有的花海景观(阳正午，2018)。

5.1.1 百里杜鹃

百里杜鹃风景区是国家AAAAA级旅游景区(贵州的四个国家AAAAA级景区之一)、国家生态旅游示范区、贵州省十大魅力旅游景区(图5.1)。位于毕节试验区中部，毕节市的黔西、大方两县交界处，海拔为1000～2000米。景区空气负氧离子含量每立方厘米2万多个，是得天独厚的“天然大氧吧”，是名副其实的“养生福地、清凉世界”。延绵125.8平方千米的原始杜鹃林带，是迄今为止全球发现的最大的原始杜鹃林带，享有“地球彩带、杜鹃王国”之美誉。初步查明公园内有马缨杜鹃、露珠杜鹃、团花杜鹃等41个品种，囊括了世界杜鹃花5个亚属的全部，杜鹃花树龄在几百甚至千年，以规模宏大、种类繁多、原始古朴而举世罕见，是世界唯一的杜鹃花国家森林公园、国家自然保护区；是全国低碳旅游实验区、亚洲·大中华区十大自然原生态旅游景区、世界上最大的天然花园；是中国春观花、夏避暑、秋休闲、冬赏雪的生态旅游胜地。

图5.1　百里杜鹃(罗冠宇、饶丽、周勉钧、罗冠宇摄,贵州省毕节市摄影家协会)

百里杜鹃林区处于亚热带高温凉气候区域,海拔1580～1845米,多年平均气温11.8℃,1月平均气温1.6℃,极端低温－9.3℃,7月平均气温20.7℃,极端高温31.5℃,多年平均降水量1181毫米。百里杜鹃林区雨热同季,在冬季期间同样保持温润。杜鹃适宜于阴湿温凉的区域气候环境,毕节市的气候条件对杜鹃的生长发育是极有利的,使其形成了很好的常绿阔叶林生态系统(吴士章 等,2009)。暮春3月下旬至5月各种杜鹃花竞相怒放,漫山遍野,千姿百态,铺山盖岭,五彩缤纷。其花色品种之多,分布之密集,美学价值、观赏价值之高,艺术感染力之强,实属世界罕见。每年以"相约花海、浪漫杜鹃"为主题的"中国贵州国际百里杜鹃花节"规模盛大、精彩纷呈,吸引着众多的海内外游客,已逐步成为中外游客神往的旅游目的地。

5.1.2　韭菜坪

韭菜坪位于赫章县境内阿西里西风景名胜区,两座山峰分别是大韭菜坪和小韭菜坪(图5.2)。大韭菜坪位于赫章县兴发苗族彝族回族乡,是世界上最大面积的野韭菜花带、全国唯一的野生韭菜花保护区,具有极高的科学价值和美学价值,被誉为"地球的钻石",是国家AAAA级旅游景区;小韭菜坪坐落在赫章县珠市乡,毗邻威宁县二塘镇、六盘水大湾镇,主要为奇观俊奇独特的石林,其主峰韭菜坪为贵州最高峰,海拔2900.6米,素有"贵州屋脊"之称。韭菜坪属亚热带高原气候,高海拔造就了一山四季、一日多变的气候特点,为野生韭菜提供了特殊的生长环境。漫步韭菜坪花海缓坡，仿佛沐浴在花的海洋。向四周俯望，视野开阔，苍茫群山重峦叠嶂，尽收眼底，让人油生一览众山小的豪迈之情，心胸也因而豁然开朗。若是从低处仰望，蓝天白云下，高高的花海宛若空中花园，使人顿生一种敬畏感。

图 5.2 韭菜坪(杨元德、马安杰、杨元德摄，贵州省毕节市摄影家协会提供)

5.1.3　金沙玉簪花海

金沙玉簪花：多年生草本植物，被子植物门，叶丛生，卵形或心脏形。花茎从叶丛中抽出，总状花序。夏季到秋季开花，色如紫玉，未开时如簪头，有芳香。金沙玉簪花为野生品种，总面积5万余亩*，分布于大娄山脉西起点绿峰梁子，位于金沙县岩孔街道境内。因海拔高度不同，同样花期的玉簪花并非同时开放，而是随着海拔高差分段第次开放（阳正午，2018）。金沙玉簪花海是目前发现的全世界面积最大的野生玉簪花带。

5.2　洞天福地

毕节市地处中国温带喀斯特地貌区的核心部位，这里的地下喀斯特发育非常成熟，孕育出了无与伦比的洞穴景观（阳正午，2018）。作为世界喀斯特地貌发育最完整、品类最齐全的区域之一，到毕节市，任你探秘溶洞之都：世界地质公园织金洞，规模宏大、景观独特，著名作家冯牧称赞“黄山归来不看岳，织金洞外无洞天”；乌江最鬼斧神工的奇异风景——九洞天，约5千米的地下河，9个造型各异的“天窗”天设地造、巧夺天工，可谓“洞上桥、桥上洞、洞洞桥桥别有洞桥天，山中水、水中山、山山水水独占山水魂”，被中外岩溶专家誉为“中国岩溶百科全书”。

5.2.1　织金洞

织金洞，世界地质公园，中国溶洞之王，国家AAAA级旅游景区，中国旅游胜地四十佳、中国最美旅游洞穴，以规模宏大、景观独特、岩溶堆积物类型丰富著称于世，是高品位喀斯特旱洞的典型代表（图5.3）。

* 1亩=666.67平方米。

图 5.3 织金洞(魏运生、周勉钧、魏运生、阿铺索卡、周勉钧摄,贵州省毕节市摄影家协会提供)

织金洞位于织金县城东北 23 千米处。洞深 10 余千米。洞内最大跨度 175 米,相对高差 150 多米,洞内一般高度为 60～100 米,总面积达 70 多万平方米。洞内有 40 多种堆积物,最高堆积物有 70 米。织金洞最鲜明的美,在于洞腔空间的宏大壮阔而富于变化,景观的壮丽雄浑、精致玲珑,空间与景观组合疏密有致、精妙绝伦。织金洞的形成演化始于更新世,历经横向裂隙式岩溶水→地下河道→袭夺地表河(古新寨河)→地下河大规模→抬升形成化石洞穴→洞穴景观发育等不同的地下岩溶循环发育阶段,原来的地下河通道经历多次抬升,逐渐形成了规模宏大的 4 层迷宫式化石洞穴系统——织金洞洞穴系统,洞内次生化学沉积物类型齐全,形态优美、独特,体量巨大(韦跃龙 等,2018)。

织金洞地质博物馆是贵州首家以喀斯特岩溶地貌为主要特色的地质博物馆,同时也是贵州省唯一一家大型自然科学类博物馆。据专家考察比较,织金洞规模体量、形态类别、景观效果都比誉冠全球的法国和巴尔干地区的溶洞更为宏大、齐全、美观,在洞的体积和堆积物的高度上,织金洞比欧洲的著名溶洞要大 2～3 倍。

5.2.2 九洞天

九洞天风景区是国家级风景区,位于毕节市纳雍、大方两县交界处的六冲河,景区内的河谷两岸自然植被丰富,景区全长达 23 千米,总面积约 80 平方千米,在长约 6 千米的河道上,箱形切割顶板多处塌陷,形成了多个形状、大小各异的天窗状洞口,使得伏流一路明暗交替,组成集伏流、峡谷、溶洞、天桥、天坑、石林、瀑布、冒泉及钟乳石、卷曲石、生物化石等为一体的溶岩大观，被中外岩溶专家誉为“中国岩溶百科全书”“喀斯特地质博物馆”。因其天窗洞口共有九个，因此谓之“九洞天”(图 5.4)。

图 5.4 九洞天(魏运生摄，贵州省毕节市摄影家协会提供)

5.3 山水秀丽

山和水的搭配是贵州自然风景的基本构成元素，各不相同的排列组合方式构成了毕节市独具特色的风景形态，山水景观大气磅礴，峡谷湖泊星罗棋布，如诗如画。经历岁月的雕琢，毕节市的山山水水处处藏着韵味、透着灵气。高原明珠草海，碧波荡漾，珍禽云集，堪称贵州旅游皇冠上的蓝宝石草海，被美国国家地理杂志评选为世界上最受欢迎的旅游胜地之一，是名副其实的“鸟的天堂”。中国最美喀斯特湖泊乌江源三大连湖在高原的怀抱横空出世，高峡平湖，峡谷风光优美、水质清澈、水波碧澄、鱼鸟甚欢，刀削斧劈的悬崖峭壁和铺绿拥翠的山形地貌，被称为“记忆中的三峡”，入选中国十大喀斯特美丽湖泊口碑金榜。

5.3.1 草海

草海是国家级自然保护区、国家AAAA级旅游景区、中国三大著名高原淡水湖之一、中国Ⅰ级重要湿地、世界十大观鸟基地，是黑颈鹤等228种鸟类的重要越冬地和迁徙中转站，被誉为“贵州旅游皇冠上的一颗蓝宝石”(图5.5)。

草海位于毕节市西部威宁县城西南面。春、夏、秋之时，40多种水草茂密的像一片绿色的绒毯铺满水底。冬季是草海最佳的观鸟季节，鸟类多达180余种，是名副其实的“鸟的王国”，其中黑颈鹤是“众鸟之王”，与大熊猫同称国宝。

草海拥有特殊的自然环境，拥有丰富的生物资源，拥有优美的湖光山色。在湖面，霞光浸染，鹤舞鸟鸣。在水中，草丝摇曳，碧绿如毯。荡舟观鸟，注目鹤群雁阵的起落回旋，聆听群鸟的高唱低吟，陶醉在大自然的亲情和谐之中。世界旅游专家赞美她说：如果说生活离不开加勒比海，那生活更离不开草海。

图5.5　草海(蔡运黎、苗麒麟、聂绍钧、苗麒麟、魏运生摄,贵州省毕节市摄影家协会提供)

5.3.2　拱拢坪

拱拢坪,既是国家森林公园,又是AAAA级旅游景区,位于七星关区西南的326国道边上,离毕节市城区41千米,林海壮阔,森林类型多样,山溪泉瀑多姿多彩,地文景观奇特神异,被誉为天然喀斯特地貌博物馆(图5.6)。景区内有雄奇险峻的贵州第一坑——吞天井(又称天坑)、神秘飘妙的天下岩溶第一殿——雷音殿、清澈隽秀的碧玉湖、飞流直下的通天叠瀑、五彩缤纷的杜鹃园、普济寺、穿天缝等景观。2012 年获贵州省生态文化教育基地称号。2015 年 10 月获得“中国森林氧吧”称号。

图 5.6　拱拢坪（黎万钊摄，贵州省毕节市摄影家协会提供）

5.3.3　乌江源三大连湖

乌江源三大连湖：索风湖、东风湖和支嘎阿鲁湖。三大连湖湖水清澈，两岸峰壁险峻，气势恢宏，且多瀑布山泉跌落湖中，是千里乌江源头最美的画卷（图 5.7）。三大连湖被中国城市竞争力研究会、世界文化地理研究院、亚太环境保护协会等机构评选为《中国十大喀斯特美丽湖泊口碑金榜》第一名。

图5.7 乌江源三大连湖(魏运生、阿铺索卡、魏运生摄,贵州省毕节市摄影家协会提供)

索风湖:位于黔西县与贵阳清镇市、修文县交界处。索风湖有长约20千米的峡谷风光和传说中的白马滩、龙泉阁、一线天、贾家洞、妲妃池、月亮山等众多景点,生态保持原始风貌(图5.8)。

图5.8 索风湖(黄超摄,贵州省毕节市摄影家协会提供)

东风湖:位于黔西县、织金县与贵阳清镇市交界处,距织金洞8.3千米,水域面积19.7平方千米,是通往风景名胜区织金洞的水上黄金通道。东风湖湖水清澈,两岸千仞绝壁,景观密布,堪称"水上百里画廊",有"不是三峡,胜过三峡"的美誉(图5.9)。适宜开展湖泊观光、攀岩露营、科普地质考察和探险旅游项目。

图 5.9 东风湖(史开心摄,贵州省毕节市摄影家协会提供)

支嘎阿鲁湖:原名水西湖(洪家渡),水面宽阔,水质清澈,自然景观独特,水域面积达 80 平方千米,涵盖了大方县的东南部及西部、黔西县的西部、织金县的北部和纳雍县的东北部,被称为贵州第一湖(图 5.10)。2000 年国家"西电东送"重点工程洪家渡电站开工建设后,蓄水形成库容达 44.97 亿立方米的风景旅游区。

图 5.10 支嘎阿鲁湖(魏运生、黎万钊、魏运生摄,贵州省毕节市摄影家协会提供)

5.3.4 油杉河

油杉河风景区是国家 AAA 级景区、国家级森林公园,位于大方县东北端的星宿乡、雨冲乡。油杉河源于九龙山北麓,属赤水河水系。整个流域面积约为 41 平方千米。大方境内以油杉河、后河为主要河流,湾流沟涧达数 10 条之多,一般都在海拔 1400 米以上,最高点是后河天门峰,海拔 1810 米;最低点是三岔河河口,海拔 800 米,其相对高度达 350~100 米,属于典型的喀斯特峰丛中切槽谷地形。全境奇峰连绵,沟壑幽深,溪涧凝碧,林木蓊郁,兼山石流泉之胜,集雄奇灵秀幽之韵,令人叹为观止,是一座得天独厚的资源宝库,山水佳绝的原始自然风景区(图 5.11)。

图 5.11 油杉河(聂绍钧、梅培文摄,贵州省毕节市摄影家协会提供)

5.3.5 中果河

中果河景区位于黔西县中建苗族彝族乡，与贵阳、毕节、遵义之间的车程均在两小时以内。清澈的中果河、茂密的森林、丰富的物种、宜人的气候成为景区特有的资源。

中果河西、南面的森林覆盖率达70%以上，数座山峰连绵，其间泉清多瀑，山间村落梯田散布，数万亩连片野生杨梅令人心生向往。地质奇观：三涨水、烂木塘“嘣嘣响”、凉风洞、仙人垛石；人文景点：彝文反字岩、四棱碑、杨武秀才故居、上下碗厂等景观，形成了景区丰富而独特的旅游资源综合体。

景区是按照国家AAAA级旅游区建设的，打造出了国内第一个《大话西游》影视主题漂流景区。大话西游漂流分为魔鬼漂（月光宝盒段）、激情漂（大圣娶亲）、童趣漂（玻璃滑道段）三段风格不同的漂流河道，满足从低龄儿童亲子游到年轻人追求惊险刺激魔鬼漂等不同需求。

5.3.6 总溪河

总溪河发源于赫章，流经七星关区和纳雍县，下游接六冲河入乌江。在纳雍县城东北面维新区境内。从总溪河大桥（万寿桥）至下游一段，长12千米，水面宽30～40米，水深2～3米。河道蜿蜒曲折，水流有时平稳如镜，有时波浪排空。两岸青山对峙，峭壁入云，猴鸣鸟啼，飞瀑鸣响，洞穴成群。总溪河原名“总机河”“总己河”，因水西安氏四十八目之一的总机安文思居住于此得名。后称“总溪”，意为众流成泾。

5.3.7 冷水河

图5.12 冷水河（周勉钧摄，贵州省毕节市摄影家协会提供）

冷水河森林公园属中亚热带常绿阔叶林自然保护区，公园内自然植被代表植物有樟科、壳斗科、山茶科等，仅种子植物就有98科240属419种，其中国家一级保护植物3种、二级保护植物12种。区内野生动物各类多样，有哺乳动物50种，鸟类100多种，其中国家一级保护动物1种，二级保护动物11种。还分布有红豆杉、银杏、福建柏、桫椤、榉木等珍稀树木，因此享有“黔西北绿色宝库”的美誉（图5.12）。冷水河森林公园主要景点44个，其中：1级景点13个、2级景点31个。

5.3.8 响水滩

响水滩位于毕节市城北部文笔山麓与沙帽山麓交界处，主要景点被誉称为中国城市唯一的天然大瀑布。瀑布由上游沿途10多条清溪汇成后，在流经市郊山麓峡谷地带时，从河床落差处形成倾斜100余米、落差30多米的三叠瀑布群。每逢雨后，汹涌澎湃的河水由50米宽的悬崖上直泻黑龙潭，势如万马奔腾，又如滔滔之水天上来，轰隆隆地发出雷鸣之声，故有“响水轰雷”之称，又因此将河流定名为“倒天河”，形容浩浩之水天上来之意。

5.3.9　双山大峡谷

双山大峡谷景区位于双山镇，落脚河大桥飞跨两岸，落脚河下游的落脚河度假山庄里。是金海湖新区独特的旅游景点。依托 26 千米的大峡谷和响水河 4 千米的支流，每年都吸引大批游客慕名而来。

5.4　人文民风

毕节市历史文化悠久、民族风情浓郁。这里是中国南方古人类文化的发祥地，“北有周口店，南有观音洞”，四五十万年前南方人类祖先就在此生存繁衍。毕节市是古彝圣地、奢香故里，是中国第一个古彝王国的诞生地；罗甸王国的建立比南诏大理国早 300 多年，是明朝前贵州的政治中心，在漫长的历史长河中形成了厚重的古彝文化；是红军长征时的“三省红都”，红二、六军团长征转战毕节，在此建立了中华苏维埃川滇黔省革命委员会。现存黔西观音洞古人类遗址、赫章可乐古夜郎文化遗址、大方奢香博物馆、毕节大屯彝族土司庄园、织金古建筑群、中华苏维埃人民共和国川滇黔省革命委员会旧址、金沙敖氏和罗氏墓群石刻 7 个国家级重点文物保护单位，展示着辉煌的历史文化。茫茫乌蒙山，孕育了多姿多彩的民俗文化，“三里不同风、十里不同俗”，46 个民族携手繁荣发展。听一曲《阿西里西》，唱一首《水西谣》，品一台《撮泰吉》，赏一出《滚山珠》，看一场《铃铛舞》，好一番“人在景中舞，歌随彩云飘”的美妙仙境，让游客领略“给我一天，还你千年”的民族风情和文化体验。

5.4.1　慕俄格古城

慕俄格古城是国家 AAAA 级旅游景区，其中奢香博物馆、奢香墓为全国重点文物保护单位(图 5.13)。慕俄，是彝语“米卧”，即“天脚”之意；格是君长之意，也代表君王政权，同时指代君王统治的一片地方，相当于“国”，慕俄格意即天脚下的王城。

图 5.13 贵州宣慰府、奢香博物馆（王佳鑫、阿铺索卡摄，贵州省毕节市摄影家协会提供）

慕俄格古城重建于大方县城北 2 千米处的云龙山脚下。原彝族默部二十五世孙妥阿哲营建的慕俄格城堡遗址之洗马塘畔，继之为奢香故里。奢香，明代贵州彝族女政治家。洪武十四年（公元 1381 年），其夫霭翠（彝名陇赞阿启）病逝，奢香代袭贵州宣慰使职，以统一祖国西南为重，在修建道路，立“龙场九驿”，沟通贵州与湘、桂、滇、蜀的交通，加强民族团结，聘迎汉儒兴办宣慰司学，改进农耕等方面做出重大贡献。明洪武二十九年（公元 1396 年），奢香病故，明王朝遣使参加葬礼，加谥奢香为顺德夫人。慕俄格古城现建成景区，有“奢香夫人”影视拍摄基地“贵州宣慰府”、国家级文物保护单位奢香博物馆。

5.4.2 大屯土司庄园

大屯土司庄园位于毕节市东北隅 100 千米的大屯乡。在黔西北茫茫乌蒙山腹地，与川、滇、黔三省交界的赤水河畔，崇山峻岭中坐落着一处气势恢宏、庄严肃穆、唐风古韵、虎威逼人的古建筑群。庄园系国家级文物保护单位，规模宏大，是全国仅存较为完整的彝族土司庄园之一。该庄园坐东向西，依山势而建，庄园四周均采用银石铺砌墙基，青砖砌成高 5 米左右的围墙，沿围墙设有 6 座土筑碉堡。整个建筑分左、中、右三路主体构筑，设回廊相互贯通。部分建筑是仿日本唐招提寺所建，具有独特的民族风格和浓郁的地方特色。是当今土司庄园古代建筑中唯一保存完好、规模最大的国家级重点文物保护单位。始建于清康熙年间（公元 1662—1722 年），后经当地彝族土司逐年扩建，遂成现在之规模，至今已有 300 多年。庄园最为有名的主人余达父，是彝族杰出诗人、法学家。

5.4.3　赫章可乐墓葬群

赫章可乐遗址墓葬是贵州面积最大、遗存最为丰富、文化底蕴最为丰厚的古代遗址，是贵州从战国时期至汉代保存完好的具有独特贵州文化特色的古代文明遗迹，是贵州近年实施夜郎考古计划以来最重要的一次考古发现，被考古界认为是“夜郎青铜文化的殷墟”，被评为2004年全国十大考古发现(图5.14)。

图5.14　赫章可乐墓葬遗址夜郎文物集锦
(魏运生摄，贵州省毕节市摄影家协会提供)

可乐遗址墓葬发掘的古代夜郎时期“南夷”民族战国至西汉时期墓葬108座，有许多重要发现，其中一些奇特的埋葬习俗及具有浓郁民族特色的随葬器物更为珍奇，对揭示古代夜郎文化面貌，探索夜郎历史具有重要意义。

5.4.4　黔西观音洞古人类遗址

“北有周口店，南有观音洞”，黔西观音洞是我国目前发现的最重要的旧石器时代早期文化遗址之一，是中国古人类发祥地之一，也是我国南方迄今发现材料最丰富的旧石器时代早期古人类文化遗址，并确认五六十万年前这片土地就有古人类活动，被命名为“观音洞文化”。1964—1973年，经中国科学院古脊椎动物与古人类研究所及贵州省博物馆有关专家学者在主洞内和洞口的多次发掘，获得4000多件石器和23种哺乳动物化石。这些石器与化石，与早期人类的狩猎活动密切相关，其原料、制作与类型组合都具有鲜明的地方特色，反映了西南地区旧石器时代早期文化发展的特点。黔西观音洞古人类遗址的发现，打开了一座举世瞩目的史前文化宝库，把人们的目光引向了极其邈远的太古，把贵州的历史线索向前延伸了24万年。

5.4.5　织金古建筑群

织金古城是全国重点文物保护单位、贵州省级历史文化名城(图5.15)。县城四周群山环绕，一座座古建筑群星罗棋布地镶嵌在青山绿水间。织金古建筑群始自康熙五年(1666年)建起的平远府城，其中最为著名的为财神庙。1986年，几位著名的古建专家到织金考察，认为财神庙很特殊，在国内尚未见过类似建筑。在日本大阪，有一座名为天守阁的建筑，与织金财神庙相似，不过专家认为，天守阁建筑是1959年重建的，只还原了外貌，内部则已采用了现代设计风格和材料，文物价值很难与织金财神庙相比(丁戌人，2018)。

图 5.15　织金财神庙(李罡摄,贵州省毕节市摄影家协会提供)

5.4.6　红色革命遗址

1935 年 2 月初,中央红军长征到达位于云、贵、川交界的林口镇鸡鸣三省村,在村子里召开了著名的“鸡鸣三省”会议。“鸡鸣三省”会议根据中国革命实际情况决定中央领导人变换,制定新的政治、军事、战略方针,标志着马克思主义基本原理与中国革命具体实践相结合的思想已经在中央完全确立起来,为长征胜利和中国革命发展进一步奠定了思想基础。“鸡鸣三省”会议是遵义会议的续篇,因此载入了红军长征的光辉史册。从史料上可以看出,这次会议在党的历史上具有十分重要的意义。如果说遵义会议是曙光初露,那么“鸡鸣三省”会议可谓旭日东升。1936 年 2 月,红二、六军团创建黔西北革命根据地,成立中华苏维埃人民共和国川滇黔省革命委员会,组建了长征途中唯一一支省级抗日武装——贵州抗日救国军,铸就了毕节市“三省红都”的辉煌!目前毕节市正以国家 5A 级旅游景区为标准建设七星关鸡鸣三省红色旅游景区,以“鸡鸣三省会址”“三岔河大峡谷”为核心,集奇险的峡谷风光、“鸡鸣三省”红色文化、苗寨风情、商业休闲、苗族风情、养生文化等内容为一体,初步形成峡谷观光、峡谷探险、休闲购物、文化体验等功能的复合型旅游景区(图 5.16)。其中旭日东升纪念碑、鸡鸣圣地、锦绣江山等景点已建成并对外开放,是接受红色文化及革命精神洗礼的最佳选择地。

图 5.16　“鸡鸣三省会议”会址（魏运生摄，贵州省毕节市摄影家协会提供）

5.4.7　撮泰吉

彝族撮泰吉是第一批国家级非物质文化遗产名录，如今只流传在威宁彝族回族苗族自治县板底乡裸嘎村。撮泰吉一般在每年农历正月初三到十五演出，旨在驱邪祟、迎吉祥、祈丰收（图 5.17）。演出多在夜晚进行，地点选择在村旁山间的一块平地上。若遇天灾人祸，年成不好，则隔几年才举行一次。撮泰吉表演主要分为祭祀、耕作、喜庆、扫寨四个部分，其中耕作是全戏的核心，主要反映彝族迁徙、农耕、繁衍的历史。撮泰吉因具有民间信仰和祖先祭祀的功能而成为当地民众祭祀祖先、祈愿人畜兴旺、风调雨顺的重要方式，深深植根于彝族的生活、生产及文化历史中。这种原始艺术具有戏剧发生学和艺术形态学等方面的研究价值。

图 5.17　彝族撮泰吉（阿铺索卡摄，贵州省毕节市摄影家协会提供）

5.4.8 滚山珠

苗族芦笙舞滚山珠原名“地龙滚荆”，苗语叫“子夺落”。经国务院批准列入第一批国家级非物质文化遗产名录。

滚山珠流传于纳雍县猪场猫场彝族乡，是苗族人民世代相传的芦笙舞蹈之一（图 5.18）。是集芦笙吹奏、舞蹈表演、杂技艺术为一体的苗族民间舞。滚山珠以其粗犷豪放的风格、高难惊险的动作和深厚的文化内涵而成为少数民族民间艺术中的一枝奇葩，流传广远，享誉中外。曾多次参加国内外的艺术节，受到中外人士的高度赞赏。这个舞种中蕴涵着的坚韧顽强、不屈不饶的民族性格，是一份宝贵的精神财富。

图 5.18　苗族滚山珠（魏运生、张永刚摄，贵州省毕节市摄影家协会提供）

5.4.9 铃铛舞

彝族铃铛舞经国务院批准列入第二批国家非物质文化遗产名录（图 5.19）。铃铛舞主要流传在乌蒙山区的彝族聚居区。彝语即“恳合呗”。“恳合”，指祭祀礼仪中唱经的歌，“呗”即跳的意思，又称“跳脚”“抄子舞”，合起来就是通过舞蹈表演的形式加上歌师的诉唱来祭奠死者的意思，是彝族先民在祭祀活动时按照伦理辈分和长次举行高歌创业功德的骑马战状舞蹈。

图 5.19 彝族铃铛舞(杨元德摄,贵州省毕节市摄影家协会提供)

5.4.10 彝族火把节

彝族是崇尚火的民族,农历六月二十四,北斗星斗柄朝上,直指正北,彝族都要过火把节,用火驱害避灾,祈祷人寿平安、四邻和睦、五谷丰登、六畜兴旺(图5.20)。关于它的来历在汉文文献中也有记载。彝族人是这样传说的:在很古很古的时候,彝乡迎来了金秋的收获季节,眼看就要丰收了,可是天王恩泽古兹不愿让彝族人过上好日子,派十大力来到彝山,把所有的庄稼都踏坏了。彝族人满腔愤怒,从人群中走来一个名叫包聪的小伙子,要跟十大力斗个高低。包聪与十大力拼搏了三天三夜,终于战胜了。十大力灰溜溜地低下头,变成了一座秃山。天王恼羞成怒,就撒下了一把灰粉,霎时间变成了数不清的害虫,像一片乌云遮住了太阳纷纷落到彝乡危害庄稼,眼看一年的辛苦就要落空了,彝族人每人举起一把火,把所有的害虫一烧而光,夺得了大丰收。从此每年农历六月二十四这一天,就成了彝族人点火把除恶灭害、盛庆丰收的传统节日。

图 5.20 彝族火把节(魏运生、王佳鑫、魏运生摄,贵州省毕节市摄影家协会提供)

5.5 美食特产

毕节市不仅是好山、好水、好地方,更能养身、养心、养健康。绿水青山成就了绿色无污染的天然特产,酝酿出风味独特的小吃饮食和生态有机食药品(图 5.21)。“乌蒙山宝·毕节珍好”系列农特产品品牌效应已经初显,“天麻之乡”“竹荪之乡”“核桃之乡”被广为宣传。2014年 APEC 峰会三道名菜之一的宫保鸡丁就源自毕节市。七星关臭豆干、大方天麻、织金发粑、金沙羊肉粉、威宁火腿、赫章核桃都是游客不能错过的美味。

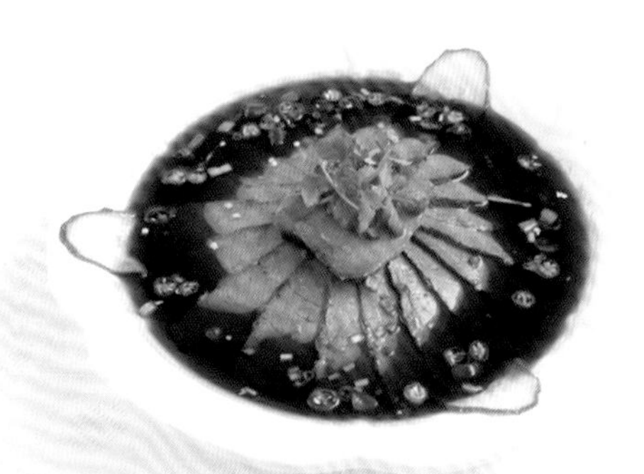

图 5.21 毕节市特色美食(周勉钧摄,贵州省毕节市摄影家协会提供)

大方豆豉:豆制品系列产品中最独具特色的一种产品,具有“食一粒而知其味,尝一箪而恋其香”的传统风味。豆豉的制作也很有讲究,每年的农历腊月初八以后才开始做豆豉,称腊八豆豉,正月后做的豆豉称桃花豆豉,夏、秋两季也可制作,但质量都次于腊八豆豉。豆豉既可以制成蘸水,也可以用作火锅底料等多种食用方法,能增进食欲,有益健康。大方豆豉粑是用豆豉加工而成,在豆豉未干之前打成的,每逢做油辣椒的时候切上一块放入里面,可谓是飘香四溢。

大方豆棒:用豆皮紧裹成棒,风干后即可,吃的时候拿下一根,用水泡开,然后切成片,可以炒着吃,煮着吃。2011 年,中国食品流通协会授予大方县“中国豆制品之乡”的荣誉称号。大方豆棒被列为“贵州省传统名特食品”。2013 年,大方豆制品制作工艺被列为省级“非物质文化遗产”。

染饭:在威宁县新发乡境内,有一种黄色的小花,一般开在清明前后。善于发掘的布依人祖先们,用这种淡黄色的小花泡出的汁水煮米饭食用,形成了自己一种独特的饮食习惯。这种花被布依人称为“染饭花”。染饭的制作方法是:将染饭花采摘后洗净,用水浸泡后榨汁,将榨出的汁淘米(糯米)后煮熟即成。染出的饭颜色金黄,清香可口,特别是其中淡淡的花香与糯米的香味巧妙融合,入口回味无穷。现在,布依人也会在染饭花开的时节将其采摘后洗净晾干,在一年中的每一个想吃染饭的日子里拿出浸泡,制成染饭,这样一年四季均可吃到这种美味的食物。

辣甜酒：新发乡布依族人招待亲朋好友的最主要特色饮食，当然，不是正餐。只要有亲朋好友到其家中做客，首先招待您的不是泡茶，而是用勺子舀上一勺辣甜酒，加上冷水，搅匀后递给客人。平常辣甜酒也是布依人家做农活回来后最好的解渴食品。

织金发粑：织金县闻名遐迩的特色美食，产于织金县县城“九对头”（地名）。糯米精制，发酵而成，蒸熟即可享用；白如云朵，软如海绵，入口甘甜清香，回味无穷。织金发粑做工较为讲究，首先要选择精白的糯米除去沙石等杂质，并用龙潭泉的水反复冲洗干净，再放在清水中浸泡 3～6 个小时。待米粒泡胀后，滤水把湿米磨成米浆。然后要将米浆过滤除去颗粒物，加上白糖发酵，搅匀后倒入特制的蒸笼内，待蒸锅里的水烧开后将蒸笼放入，盖上锅盖，旺火蒸 40 分钟左右，就可取出切成小块食用。

羊场茶食：黔西县的特色美食。茶食，因其色、香、味俱佳，入口酥脆香甜，且有健胃醒酒之功效而成为人们饮酒时用以佐食的风味佳肴。羊场茶食早为清宫御点，由晚清宫廷御点师后代张女尼在黔西羊场乡密授女徒张二和尚，后又传至羊场民间。其制作以上等糯米为原料，水泡 40 天，每 3 日换水一次，晾干碾成粉，拌水提成块，煮成蜂窝装，取出放石碓内搅拌至翻泡，按比例加野小豆根粉搅匀，铺于案板上晾干后，剪成各种图案花样穿挂，晾干用混合油浸泡数分钟后放于扇勺内用热油淋，直至膨胀定型食用，此品入口酥脆香甜，是走亲访友的馈赠佳品和席上美食。

沙土羊肉粉：金沙县沙土镇的特产。沙土镇米粉粗如竹筷，微酸鲜滑，有大米的清香，入口即化。沙土羊肉粉选用散放的本地矮脚山羊，越重越肥为好，这种山羊膻味适中，肉细味鲜。活羊拿来后，宰杀剥皮，清理内脏，精刀去骨。羊肉割成几大块，放朝天大铁锅秘制汤中大火去浮沫，小火慢慢熬制。羊肉煮过心后，掌握好软硬度，取出自然冷却隔上一夜，切成大小适中、薄如蝉翼的肉片备用。熬制的原汤清而不浊，鲜而不腥。羊肉粉油辣椒一般选用贵州本地香而不辣的干辣椒粉碎，制成细如盐粒的粉末辣椒，用羊油炒制而成。

骟鸡点豆腐：是大方令人叫绝的名菜。将骟鸡剔骨去皮切成肉丝，混入豆浆点制而成。食用时沾大方皱椒、大方豆豉做成的肉末辣椒水，佐之野苦蒜，美味无穷。

织金荞凉粉：荞面去壳磨粉，再加适量的水和明矾水熬制冷却而成。配以酸萝卜丁、葱花、红油、自制豆腐等调料兑成的沾水。荞凉粉细滑爽口，清凉解暑，是男女老少都喜爱的精美小食。

威宁火腿：贵州的传统特产，已有 600 多年的历史，闻名海内外（图 5.22）。威宁海拔 2000 多米，属高寒的乌蒙山区，漫山遍野生长着丰富的牧草，历史上畜牧业就十分发达，当地的彝族同胞又有赶山放牧的习俗，猪牛羊同群为伍，运动量大，猪腿非常发达，肌肉结实饱满，肥瘦肉交错；本地的可乐猪和法地猪等优良品种又有耐粗养耐寒的特点，瘦肉率高。从明洪武年

图 5.22　威宁火腿（孔令康摄，贵州省毕节市摄影家协会提供）

间起，这里的彝族百姓就喜欢用火熏腌制腊肉，贮存食用，为制作威宁火腿创造了条件。威宁火腿，肉色棕红，色泽鲜艳，骨小皮薄，肉食细嫩，清香味美，多食不腻，与“宣威火腿”齐名。

大方漆器：大方县素有“国漆之乡”的美称，栽培漆树的历史距今已1000多年。大方漆器的生产始于明朝洪武年间，距今已有600多年历史。彝族女政治家奢香夫人袭贵州宣慰使期间，在向朱元璋进贡的“方物”中，就有许多漆器珍品。大方漆器是贵州富有民族风格和地方特色的传统工艺美术作品，漆器图案幽雅逼真，造型朴实，漆色光亮可照人影，色泽艳丽，经久耐用，并具有鲜明的民族色彩，耐酸、碱，不易腐朽，不褪色(图5.23)。用作食具不导热、不串味、不漏水、不生虫。

图5.23　大方漆器(张永刚摄，贵州省毕节市摄影家协会提供)

大方天麻：大方县特产(图5.24)。因原产地名命名。贵州是中国天麻的主要产区之一，因得天独厚的自然条件，所产天麻的天麻素含量较高，向来以品质好、药效高而享誉国内外。大方天麻主产于贵州高原大方县九龙山脉的深山丛林中和世界罕见的天然百里杜鹃丛林中。明代就是进贡皇室的珍品，且远销日本、东南亚各国，素以“滋补之王”的称号而驰名中外。大方天麻以主要成分天麻素含量较高、微量元素丰富而形成较为独特的内在特征。对头目眩晕、头风、头痛等有较为显著的效果。因质地较为坚实、沉重，环纹较少，顶芽较小，断面较均一明亮，特异气味较浓郁，有“中国天麻数贵州，贵州天麻数大方”之说，被中国食品工业协会授名“中国天麻之乡”称号。

图 5.24　大方野生天麻(黎万钊摄，贵州省毕节市摄影家协会提供)

赫章核桃：赫章核桃个头不大，外表不美，但却具有壳薄、仁饱满、仁饱白、易取仁、味香醇等特点，是中国贵州省出口的农特产品之一。赫章核桃为地理标志保护产品。赫章核桃栽培历史悠久，是我国南方铁核桃的分布中心。其境内分布着许多原生核桃种质资源，经过多年的筛选和培育，形成了富有野生特色的山野珍品。赫章县有优质核桃种植面积 14 万亩，核桃乳、核桃糖等加工产品产量达 1000 吨，核桃产业年产值超亿元，核桃已成为赫章农村农民致富的一个新兴支柱产业。2006 年，赫章县被国家林业局选定为“全国核桃林业标准化建设示范区”，示范区内生产的无公害、绿色核桃坚果，其不饱和脂肪酸含量、氨基酸含量均超过一般核桃含量。2007 年，赫章核桃被中国果品流通协会等 8 家单位评选为“奥运推荐果品”。赫章县被中国果品流通协会等单位评定为“中国核桃之乡”。

大方皱椒：皱椒又名鸡爪辣、线辣，是贵州大方县内传统特产，其中又以大方鸡场乡的鸡爪辣最为出名。鸡场乡大部分的土壤、土质均非常适合皱椒生长，而且农户有种植习惯和长期积累的经验。鸡爪辣维生素 C 含量高，颜色鲜红，体长多皱，肉质厚实，具有香味浓、辣味适度的优点，是佐餐调味的佳品。

威宁党参：威宁党参为地理标志保护产品。主治气血不足的党参是专门出口东南亚的“贵州枝党”。威宁党参含糖量和含蛋白质较高，年产量在 15 万千克左右。威宁党参地理标志产品保护产地范围为贵州省威宁彝族回族苗族自治县草海镇、么站镇、金钟镇、新发乡、黑石镇、麻乍乡、哲觉镇、海拉乡、岔河乡、观风海镇、哈喇河乡、秀水乡、牛棚镇、迤那镇、斗古乡、龙街镇、雪山镇、石门乡、羊街镇、小海镇、盐仓镇、双龙乡、板底乡23个乡镇行政区域。

大方半夏:为天南星科半夏属植物。半夏的干燥块茎,又名麻芋子、三叶半夏,是一种常用的重要中药。具有燥湿化痰、降逆止呕、消肿散结等功效。近年来在贵州、四川、重庆等省市均有大规模栽植,赫章县是贵州省半夏药材的主产区,有着二十多年的人工栽培半夏历史。

花海洞天　避暑毕节

毕节市夏季凉爽，降水充沛，造就了丰富的动植物资源；特殊的山地，气候资源丰富，孕育了独特的自然和气象景观。花海秘境、洞天福地，以及悠久的文化底蕴、独特的民族风情吸引着无数游客前来避暑、旅游。近年来，毕节市围绕打造“国际知名山地康养度假旅游目的地”，以“洞天福地·花海毕节”为形象品牌，以“转型升级、提质增效”为主线，努力将毕节市建设成为全国“山地康养样板区、旅游脱贫示范区、全域旅游先行区”。神奇、多彩、清凉的毕节市正成为避暑旅游、休闲养生的最佳选择。

6.1　气候温润宜人

毕节市年平均气温为13.4 ℃，最冷月份1月平均气温3.5 ℃，总体感觉虽有凉感，但并不寒冷；最热月份7月平均气温21.7 ℃，平均最高气温只有26.5 ℃，气温凉爽宜人，几乎没有高温天气出现。可谓冬无严寒，夏无酷暑，春、秋两季舒适平和，非常适合旅游项目活动的开展。

毕节市年降水量为1022.0毫米，降水分布从西北向东南逐渐增多。充沛的降水，使毕节市的水源得到充分补充，促进了各种生物良好生长，塑造了优美的生态环境，形成了众多的花海、溶洞、河流、湖泊、峡谷等自然景观；同时又增加了空气的湿润度，对空气中的尘埃有清洁作用，使得空气清新舒适。毕节市年平均夜雨日数为162.9天，年平均夜雨量为880.7毫米，年夜雨日数占年降水日数的比例为84%，年夜雨量占年降水量的比例为64%。夜雨占比大，有利于白天旅游活动的开展。

毕节市海拔高差大，垂直立体气候明显，造就了“一山有四季，十里不同天”的神奇景观。多样的气候使得毕节市的生态多样，地表资源丰富。独特的山地立体气候地理条件，使得毕节市拥有丰富多样的气象景观，云海、霞光、烟雨、冰凌等景观优美，绚丽多姿。

6.2　生态环境优美

毕节市环境质量优越，主要景区负氧离子月平均浓度在2000个/立方厘米以上，负氧离子浓度高，空气清新，对人体健康极有利。毕节市空气质量优良日数2015—2018年平均达到

353天，优良率平均为97%，夏季环境空气质量优良率达到100%。4—10月逐日AQI值几乎都处于“优良”等级。毕节市河湖水系纵横交错，是乌江、赤水河和北盘江的重要发源地之一，境内河流长度大于10千米的有193条，集中式饮用水源地水质均为Ⅱ类水质(优)，监测河流水质优良率100%。

1988年以来，毕节市森林覆盖率不断提高，生态环境明显得到改善。2018年森林覆盖率达56.13%，是全国均值的2.59倍。七星关、大方、黔西、金沙、织金、纳雍、赫章7个县(区)获省级森林城市称号。毕节市遥感生态指数(RSEI)优良等级稳中有升，生态环境质量改善较明显，2018年优良等级达16659平方千米，占全市总面积的62.9%。

毕节市珍稀动植物品种繁多，森林资源丰富，生物多样性特征显著。拥有野生动物1000多种，鱼类74种，脊椎动物387种，珍稀动物在10种以上。苔类植物近100种，蕨类植物34科130种，裸子植物9科22种，被子植物155科1809种，药用植物1000多种。国家重点保护野生植物及珍稀植物有金毛狗、桫椤、扇蕨、银杏、红豆杉等。其他珍稀濒危野生植物有铁杉、高山柏、黑节草(铁皮石斛)、天麻、海菜花等。

6.3　避暑优势明显

毕节市是避暑的天堂，夏无酷暑，百般凉爽。低纬高原山区极大提高人体的舒适感。毕节市大部地区夏季旅游城市综合舒适期在80天以上，在国内旅游热门城市中，属于最优级旅游城市。综合人体舒适度气象指数(BCMI)、温湿指数(THI)、风寒指数(WCI)、着衣指数(ICL)及贵州省避暑旅游气候舒适度指标分析显示，毕节市夏季6—8月是舒适期最佳时段，气温、湿度、风速、太阳辐射等气候条件好，人体舒适感佳，避暑旅游条件优越，是避暑旅游气候舒适最佳区域。

毕节市避暑气候条件优越，夏日凉爽，避暑宜人，夏季平均气温为20.9 ℃，降水量为526.6毫米，相对湿度为80%，夜雨日数38.8天，雨热同季，有利于万物的生长，处处生机盎然，人们可以在风景优美的自然环境中无限畅游。清风徐徐，呼吸舒畅，夏季平均风速为1.6米/秒，平均气压为847.5百帕，轻柔的和风、舒适的气压使人精神焕发、心旷神怡。日照温和，云霞绚丽，夏季平均日照时数为426.0小时，平均总云量为79%，温和的日照、合适的云量，在晨间可欣赏朝阳初露、云蒸霞蔚；午间云开雾散，极目远眺，一览众山小；傍晚日落余晖、长天霞光尽收眼底。

每年5—9月是毕节市避暑旅游的最佳舒适期，在此期间的平均气温为19.6 ℃，与全国14个主要旅游城市相比避暑气候优势明显。毕节市的人体舒适度气象指数月等级在2～5，舒适期连续长达7个月，在所选的14个城市中为舒适期最长区域；温湿指数在38～69，舒适期连续长达7个月之久，在所选的14个城市中为舒适期最长区域；寒冷指数在−478～−200，舒适期连续长达5个月之久，在所选的14个城市中为舒适度最佳区域，排名第一；着衣指数在0.8～2.0，舒适期连续长达7个月之久，在所选的14个城市中为舒适度最佳区域；旅游城市综合舒适期连续长达9个月之久，全年舒适期达285天，与国内14个主要旅游城市相比，为舒适期长度最多的区域；毕节市避暑旅游气候舒适区占全市面积的98.3%，气候条件很适宜避暑旅游，与国内14个主要旅游城市相比，为避暑旅游气候舒适最佳区域。

6.4 旅游资源丰富

时光雕琢，孕育毕节奇幻山水，作为世界喀斯特地貌发育最完整、品类最齐全的区域之一，毕节市旅游景观大气磅礴，如诗如画。经历岁月的雕琢，毕节市的山山水水处处藏着韵味、透着灵气。地球彩带、世界花园百里杜鹃，千山铺锦，万岭映彩；世界地质公园织金洞，规模宏大、景观独特，享有“黄山归来不看岳，织金洞外无洞天”的美誉。辉煌历史，铸就毕节人文风韵，观音洞旧石器时代遗址镌刻着四五十万年前南方古人类的生息繁衍，藏羌彝走廊演绎着历史的沧桑巨变；“鸡鸣三省”会议、中华苏维埃人民共和国川滇黔省革命委员会、贵州省抗日救国军铸就了“三省红都”的辉煌。绿水青山，造就毕节风味美食，绿色无污染的天然特产，酝酿出风味独特的小吃饮食和生态有机食药品。“乌蒙山宝·毕节珍好”都是游客不能错过的美味，“走遍大地神州，回味定有毕节”。古朴习俗，织就多姿民族风情，茫茫乌蒙山，孕育了多姿多彩的民俗文化，听一曲《阿西里西》，唱一首《水西谣》，看一场《铃铛舞》，品一台《撮泰吉》，赏一出《滚山珠》，让游客领略“给我一天，还你千年”的民族风情和文化体验。

如今，毕节市打开了尘封千年的水墨画卷，花海、洞天走出了“深闺”，让游客能够深研细品这浑然质朴的乌蒙神韵。毕节市避暑气候得天独厚，夏日凉爽、避暑宜人，清风徐徐、呼吸舒畅，日照温和、云霞绚丽，气候舒适、温润养人。旅游休闲康养条件优越，空气负氧离子浓度高，空气清新；环境质量优越，景美水优；生态环境良好，林茂物丰。拥有全球最大的原始杜鹃林带、野生韭菜花带、野生玉簪花带，世界地质公园、中国岩溶百科全书等众多风光景色。加之历史文化悠久、民族风情浓郁、美食特产众多，可谓休闲旅游方式多样，养生洗肺之道健康。到毕节市避暑，享受清凉夏季的凉爽宜人；到毕节市赏花，欣赏地球彩带的万岭映彩；到毕节市游洞，探秘地下世界的神奇梦幻，毕节市不愧为“中国花海洞天避暑福地”。

参考文献

柏玲,姜磊,周海峰,等,2019.长江经济带空气质量指数时空异质性及社会经济影响因素分析[J].水土保持研究, 26(02):312-319.

丁戌人,2018.贵州最大彝族聚居地的历史遗存[J].中国国家地理,毕节专刊:104-109.

李忠燕,吴战平,张东海,等,2018.贵州省气候舒适度及旅游潜力分析[J].贵州科学, 36(01):38-44.

高菊,2003.负离子:“空气维生素”[J].四川环境, 22(2):51.

黄思好,谌春竹,2019.美丽毕节[J].源流(6):56-64.

胡桂萍,李正泉,邓霞君,2015.丽水市旅游气候舒适度分析[J].气象科技,43(04):669-774.

胡永松,陈余明,聂祥,2015.毕节决策气象服务在防灾减灾中的作用[J].科技风(13):239.

康学良,陈焰稜,刘丽萍,等,2010.毕节地区气象灾害分析及公共气象服务体系建设思考[J].贵州气象(A1):224-225.

马丽君,孙根年,2009.中国西部热点城市旅游气候舒适度[J].干旱区地理, 35(5):791-797.

尚媛媛,王红波,陶勇,等,2018.赤水市大气负氧离子的时空特征及其与气象因子的关系[J].中低纬山地气象,42(04):43-48.

王胜利,2008.气象健康息息相关[J].民防苑(4):29-30.

汪卫平,2003.毕节地区的天气气候与地形[J].贵州气象(5): 22-24.

韦跃龙,陈伟海,罗书文,等,2018.贵州织金洞世界地质公园喀斯特成景机制及模式研究[J].地质评论, 64(2):457-476.

吴士章,赵卫权,兰序书,等,2009.贵州西部百里杜鹃生长发育与生态气候的相关研究[J].贵州师范大学学报,27(1):9-13.

吴战平,岑剑,帅士章,等,2018.云上大塘·避暑茶乡——平塘县大塘镇旅游气候资源[M].北京:气象出版社.

徐大海,朱蓉,2000.人对温度、湿度、风速的感觉与着衣指数的分析研究[J].应用气象学报, 11(4):430-439.

阳正午,2018.全新秘境:金沙玉簪花海[J].中国国家地理,毕节专刊:38-41.

阳正午,2018.在毕节,花海漫过四季[J].中国国家地理,毕节专刊:22-31.

阳正午,2018.织金洞:为人间演示天宫模样[J].中国国家地理,毕节专刊:48-55.

余志康,孙根年,罗正文,等,2015.40°N以北城市夏季气候舒适度及消夏旅游潜力分析[J].自然资源学报, 30(2):327-339.

张艳丽,2013.杭州市典型城市森林类型生态保健功能研究[D].北京:中国林业科学研究院.

章勇,姚志强,2018.基于遥感生态指数的贵池区生态环境评价[J].池州学院学报,32(3):75-77.